匠心：中国传统工艺中工匠精神的表达与传承

张长征 ◎ 著

吉林出版集团股份有限公司
全国百佳图书出版单位

图书在版编目（CIP）数据

匠心：中国传统工艺中工匠精神的表达与传承 / 张长征著. -- 长春：吉林出版集团股份有限公司, 2023.5
ISBN 978-7-5731-3453-0

Ⅰ.①匠… Ⅱ.①张… Ⅲ.①职业道德－中国 Ⅳ.①B822.9

中国国家版本馆CIP数据核字(2023)第118569号

匠心：中国传统工艺中工匠精神的表达与传承
JIANGXIN: ZHONGGUO CHUANTONG GONGYI ZHONG GONGJIANG JINGSHEN DE BIAODA YU CHUANCHENG

著　　者	张长征
出版人	吴　强
责任编辑	马　刚
装帧设计	清　风
开　　本	710mm×1000mm　1/16
印　　张	8.25
字　　数	120千字
版　　次	2023年5月第1版
印　　次	2023年5月第1次印刷
出　　版	吉林出版集团股份有限公司
发　　行	吉林音像出版社有限责任公司
	（吉林省长春市南关区福祉大路5788号）
电　　话	0431-81629679
印　　刷	吉林省信诚印刷有限公司

ISBN 978-7-5731-3453-0　　　　定　价　58.00元

如发现印装质量问题，影响阅读，请与出版社联系调换。

前　言

随着全球经济一体化的加快，科学技术特别是信息与传媒技术迅速发展，人们逐渐对传统文化的发展投以极大的关注。传统工艺作为传统文化的重要组成部分，其独有的文化价值和经济价值使其在经济社会发展中的作用也愈发凸显。如今，保护和传承传统工艺已经成了关系到各个国家和地区、各个民族乃至整个人类社会发展的重要问题之一。对中国而言，保护和传承传统工艺势在必行，更重要的是中国传统工艺和工匠精神的新时代表达与传承。传统手艺是中华民族宝贵的文化资源，是连接民族情感的纽带和维系国家统一的基础，是维护文化身份和文化主权的基本依据。利用和保护好中国传统工艺和工匠精神，对维护文化多样性、促进文化创新和文化产业发展都具有一定的意义。

本书以中国传统工艺与工匠精神为主要研究对象，采用理论与实践相结合的方法，从中国传统工艺中蕴含的工匠精神出发，从多个角度细致而全面地讨论了工匠精神和中国传统工艺的各个方面，同时将工匠精神的理论知识和中国传统工艺实践相结合，不仅分析了中国传统工艺的当代保护、更新和创新应用，还分析了人才培养与精神传承等内容，通过循序渐进的论述和理论分析，讨论了中国传统工艺当代发展、工匠精神当代表现与传统工艺的重要意义。

本书在撰写过程中参考及引用了部分文献资料，在此向有关作者表示感谢。由于笔者水平有限，加之时间仓促，难免有疏漏之处，敬请各位同行、专家提出修改意见及建议。

张长征

2023年3月4日

目　录

第一章　匠心——工匠精神概述 001
第一节　何谓"匠心" 001
第二节　国内外对工匠精神的研究概述 007
第三节　工匠精神的理论基础 009

第二章　中国传统工艺与工匠传统中的工匠精神研究 014
第一节　中国传统工艺与工匠传统 014
第二节　中国工匠传统传承下的工匠精神 020
第三节　中国传统工艺中体现的工匠精神 026
第四节　"工匠精神"对当代中国的价值 031

第三章　中国传统工艺的危机与当下工匠精神的消解 038
第一节　中国传统工艺面临的时代危机 038
第二节　中国工匠精神的当代失落现状及其原因 042

第四章　中国传统工艺与工匠精神保护、发展与传承研究 047
第一节　对传统工艺的知识产权保护 047
第二节　基于文化视角的工匠精神传承策略 058

第五章　基于工匠精神传承的人才培养研究 066
第一节　分析人才教育中工匠精神的缺失 066
第二节　大学生工匠精神培育路径研究 071
第三节　企业培育工匠精神路径研究 090

第六章 传统照进现实：匠心的当代表达 ········· 099
  第一节 当代工业高技术背景下工匠精神及其多维表现 ········· 099
  第二节 陶瓷工艺实例 ········· 103
  第三节 漆艺实例 ········· 108
  第四节 竹编工艺实例 ········· 112
  第五节 传统工艺在文化创意设计中的表达实例 ········· 119

参考文献 ········· 124

第一章 匠心——工匠精神概述

第一节 何谓"匠心"

一、"匠"的释义

"匠"起源于战国时期,其最初意义指的是木工。《说文解字》中记录:"匠,木工也。从匚,从斤。斤,所以作器也。"①《孟子·尽心上》"大匠不为拙工改废绳墨。"的意思就是说,聪明的木匠会根据手艺的精湛而调整和完善。"匠"引申指有专业技术的工人,如《古陶文汇编》所述的"大匠"就扩大范围,指的就是陶匠。南朝慧皎大师说:"往在京邑,维持法纲,内外俱瞻,宏道之匠也。"②"匠"的含义进一步加深,指的是在某一方面造诣高深的人。

"匠"还有其他含义,如唐代元稹的《赠郑余庆太保》中"焚书逸礼,尽所口传;古史旧章,如因心匠";宋代林逋的《西湖》中"混元神巧本无形,匠出西湖作画屏",这里的"匠"是制造、创造的意思;清代王棻的《与友人书》中"古今称能诗者,必曰杜甫氏……是甫所以雄一时而名后世者,非独才高使然,亦其学之博大精深,有以匠其才而成其器也",这里的"匠"是培养、造就的意思;《北史·齐咸阳王禧传》中"文明太后令皇子皇孙于静所别置学,选忠信博闻之士为之师傅,以匠成之",这里的"匠"是教导的意思。

由此可知,"匠"的含义是很丰富的,不能局限于工匠这个概念,

---

① 许慎. 说文解字[M]. 北京:中国戏剧出版社,2008.
② 慧皎. 高僧传[M]. 北京:中华书局,1992.

也不应该定格到某一具体工匠类别，如铁匠、木匠、水泥匠等。当然，也不能否认"匠"作为工匠那一部分的内涵。中国历史悠久，拥有众多杰出的工匠，如李春、李冰、喻皓等，他们的智慧和技艺让中国成为一个充满活力的国家。近代的侯德榜也是一位杰出的化工大师，他的精湛技艺和勇气，使中国的化学工业取得了重大突破；现代的裴先锋则是一位年轻有为的电焊师，他在第四十一届世界技能大赛的众多人才中脱颖而出。他在焊接项目中获得了银牌，实现了该项赛事中中国人奖牌零的突破。优秀工匠还有很多，他们每个人都有自己独特的超群技艺。

二、"匠心"的内涵

（一）对"匠心"的理解

"匠心"一词源自明代胡应麟《诗薮·古体中》："两汉之诗，所以冠古绝今，率以得之无意。不惟里巷歌谣，匠心信口，即枚、李、张、蔡，未尝锻炼求合，而神圣工巧，备出天造。""匠心"一词原意为能工巧匠的心思，代表着一种具有创新意识的想法。

当今时代，"匠心"的内涵得到进一步加深。在今天的中国，不同的工作、不同的岗位，作为"匠"有着相似的精神——对自己职业的敬畏与热爱，对自己工作的坚持与负责，对自己的工作质量和产品的严格要求与把控。只要工作在他们的能力范围，就一定会不惜时间与精力，用高标准和零失误去严格地要求自己，保证自己的工作接近完美。这就是"匠心"，或者用更通俗的话表达，这就是"工匠精神"。

（二）对"匠心"的深入剖析

工匠精神是一种对产品的热爱，它鼓励工匠不断提升自身的技能，不断改进产品，追求卓越，以达到完美的境界。优秀的工匠会把握每一个细节，坚持不懈地提升产品的质量，以达到最佳的效果。工匠精神是一种深植于人类心中的传统文化，它不仅是一种职业的要求，而且是一种时代的追求，它的内涵和重点因地而异，它的影响力可以跨越国界，可以跨越时空，可以影响每个人的生活。尽管尚无法确定工匠精神的定义，但人们对它的深层含义已经达成一致的看法。更具体地说，可以从以下三个方面来总结。

1. 在技术上，工匠精神表明了高超的技巧和不断追求完美的态度

作为一名优秀的工匠，创作出令人惊叹的作品，不仅需要掌握高超的技艺，还需要经过长期的专业训练。"成为优秀的工匠需要拥有高超的技艺，这是要经过长期专门的训练才能够练就的。对工匠而言，制造器物的过程不同于标准化工艺下的大规模机器制造，而制造意味着对其技术目的的再次创造。"[①]为了达到这一目标，工匠必须具备出色的技能和良好的心态，并且要求自己不断地改进和完善，以达到最高的质量标准。他们不断地努力，以精湛的技艺和一丝不苟的态度，将每一件产品打磨得完美无缺。拥有一颗坚定的工匠之心，除了需要掌握高超的技术外，还需要坚定的信念、坚持到底的决心及持之以恒的努力，才能创作出更加完美的作品。

2. 在精神上，致力于传承敬业精神，以实现更高的目标

卓越的工匠以其对职业的尊重、对产品的热爱以及对技术的追求，为行业的发展作出巨大的贡献。他们凭借灵感，通过实践、积累和改良，将多年的经验与思考融入制造过程中，从而使得他们的技艺更加完美、更加出色，他们的创造性也更加突出。他们的精神激励着行业的发展，为社会带来更多的价值。通过不断创新，敬业的工匠们不仅能够解决问题，还能够推动行业的发展。传承不仅意味着"守旧"，而且要求我们在继承的基础上，根据时代的需求和发展，不断改进和完善，以满足当下的需求。工匠精神激励工匠不断探索新的可能性，以便将传统技艺与现代技术完美结合，使产品既保留经典，又具有无限的创造力。

3. 在道德上，尊敬老师、遵守道德准则、追求自我完善

师父的言行举止会深深影响徒弟，而徒弟的态度也会直接决定他们掌握知识的深度、技艺的高低。技艺的传承者不仅要学习，还要担当起传播和普及的责任，如要求年轻工匠树立崇高的道德标准，自觉地履行职责，

---

① 李宏伟，别应龙. 工匠精神的历史传承与当代培育［J］. 自然辩证法研究，2015，31（8）：54-59.

努力提升自己的技艺水平，从而让工匠精神得以传承和发扬。

（三）"工匠精神"的深刻内涵

工匠精神的本质是一种在工作中追求精益求精、尽善尽美的精神理念，它包含严谨的工作态度、敬业精神的传承与创新、立德立身的道德品质。可以用四个字——敬、严、专、精，高度概括工匠精神的深刻内涵。

1. "敬"

"敬"具体体现在以下四个方面：第一，敬自己。敬自己的选择与坚持，一旦决定从事哪方面的工作，就要做到有始有终，对自己的选择和坚持满怀信心。第二，敬事业。学会接受自己的工作内容，对待自己的工作认真、专注，经过不断的努力，追求完美的事业。第三，敬师徒情谊。俗话说"师父领进门，修行靠个人"，但是一日为师，终身为师，没有师父的教导，怎么会有个人的修行？第四，敬同行兄弟。作为同一行业的专业人员，既是对手又是朋友，既相互切磋又相互学习，同行之间的友谊以相互尊重为前提。

2. "严"

"严"具体体现在以下三个方面：第一，严于工作态度。任何一个工作者在面对自己的工作时，首先要在思想上严谨，对自己的思想有一个严格的要求。只有当我们在思想上严格要求自己，并且保持正确的态度，我们才能够出色的完成任务。第二，严于行。就是在行动中要严谨、认真，不论自己的工作内容是什么，一定要对自己的工作行为高度负责，不能有一点马虎，杜绝在工作时发生嬉笑、散漫等影响工作质量的行为。第三，严于果。面对自己的工作成果，一定要严格检查，以防有所疏忽，对不完善的地方及时做出更正，直至达到完美。

3. "专"

"专"具体体现在以下三个方面：第一，专心于自己的工作。面对自己的工作，必须倾入自己所有的注意力，工作的时间只专注和自己工作有关的事情，要做到心中只有工作，不能被任何琐事烦扰。第二，专于研究。不论自己在一个怎样的岗位上，对于自己所在职位的工作，要杜绝马马虎虎，必须做到术业有专攻，并对自己的工作进行潜心研究，做到专业，做到顶级。第三，专注于一件事情。在工作时，专注于一件事情尤为重要，工作者要全心全意地专注于自己的工作内容，始终用严格的标准要求自己保持一个能专心致志工作的良好状态。

4."精"

前文所提到的内涵最终都要向"精"靠拢，因为这是工匠精神最终追求的目标。具体体现在以下三个方面：第一，工作态度之精，在做任何一件事情之前，工作者的头脑里都会对自己即将完成的工作有一个构思和想法，这就需要工作者在工作之前尽量构思完美。在思想上严格地要求自己，为自己的行动打下坚实的思想基础。第二，工作环节之精，是指对待自己的工作，不论是过程还是结果，都要力求完美，只有在各个环节都做到追求完美，以此为己任，才能保证最终取得理想的结果。第三，就是要将精益求精的工匠精神发扬光大，我们要通过持续的学习与努力，精益求精，勇于创新。

通过上述对工匠精神"敬""严""专""精"四项具体内容的阐述，可以将工匠精神的内涵予以概括：工作者在对待自己工作时所展现出来的执着、专注、细致、耐心、严谨、敬业、精业、追求完美、精益求精的高尚品质与坚定不移的精神理念。这也是"匠心"的深厚内涵。

三、"匠心"的特征

（一）历史性与时代性相结合

匠心是一种深刻的思想，它源自古代工匠在生产实践中的智慧、技能、技巧，并在长期的实践活动中得到完善，因此具有悠久的历史。如今，学者们仍在深入探索古代匠心，以及其中蕴含的精神内涵，以更好地理解古代匠心的真谛。不同的国家和文化对匠心有不同的理解，德国和日本的匠心概念源自其历史文化，具有独特的时代特色。古代的匠心不仅是一种探索，而且是一种勇于探索的精神，如今它被赋予了更多的创新意义。为了发扬匠心精神，我们必须以一种不断前瞻的视角来审视它，并将其置于当代的背景下深入研究。因此，我们应当充分利用匠心的潜力，使其具备明显的时代特色。

（二）政治、社会与教育相结合

当今，随着时代的发展，匠心思想已经不再只代表当时的个人利益，而成了国家和个人共同追求的目标。从匠心的宗旨上讲，它既体现了个体的尊严，又体现了集体的荣耀。将匠心精神融入商业已成为一种重要的商业模式，它不仅可以促进制造、服务、金融等领域的竞争，还可以创造出丰厚的社会价值和可观的经济回报。因此，将匠心精神与政治、社会和教育紧密联系起来，充分发挥教育的作用，可以实现最大的社会效益。

（三）传承与培育相结合

中华优秀传统文化的形成，离不开劳动实践和社会生活的积累，这些劳动与生活的结合，使得中华民族的文化得以发展，形成独特的民族特色，而"匠心"则更是体现了中华民族对于精神的追求。"匠心"是匠人们在日常劳作中积累的宝贵经验，也是他们对专业的深刻理解和不懈追求的体现。"匠心"是"专业"的延续，它以其独特的文化内涵和精神支撑，为"专业"的发展提供了强大的动力和信念。匠心的产生源自历史的发展，它不仅是一种技能，更是一种文化的积淀，它为中华优秀传统文化的发展提供了强大的支撑力量，爱岗敬业、精益求精、勇于探索等精神内涵也深深影响了中华民族。

（四）稳定性与创新性相结合

从匠心的内涵来看，匠心具有稳定性，不管是古代还是当代，不管是封建社会还是社会主义社会，不管是何种生产力发展水平，其所具有的精神内涵并没有改变，对于人们的生产实践活动、职业道德及素养具有重要的引导作用。其所倡导的工作态度、工作作风、工作能力及职业道德和素养，在不同的历史时期都表现出对于培养匠人的主导地位，对于创造社会价值和经济价值有一定作用，这些都说明匠心具有稳定性。但是其在长期的发展过程中，随着时代的变化，会被赋予新的意义。同时，匠心本身的内涵就具有创新性，其要求匠人通过不断的实践提高水平，进行探索，创新技术、材料、程序和方法，通过追求完美的态度，实现创新创造，这既是对匠心的继承又是对匠心的创新。

第二节 国内外对工匠精神的研究概述

一、国内对工匠精神的研究

随着工匠精神日益受到关注,中国学者也开始深入探讨它的内涵,并取得了一些可喜的成果。他们就工匠精神的意义、当代中国工匠精神的不足、培养和重建等问题提出了许多见解,其中最具代表性的有以下三个方面。

(一)对工匠精神含义的研究

近两年,李宏伟和别应龙的《工匠精神的历史传承与当代培育》引起了全社会的热烈讨论,他们指出:"所谓工匠精神,简言之,即工匠们对设计独具匠心、对质量精益求精、对技艺不断改进、为制作不遗余力的理想精神追求。"[①]肖群忠和刘永春指出,"匠人精神状态"不只局限于某一个特定的个体,而是涵盖整个社会。[②]目前,对工匠精神尚无一致的定义,但可以肯定的是,追求卓越、勤奋工作、不断超越自我是匠人文化精神的核心。

(二)我国当代工匠精神缺失原因的研究

虽然近代工业的兴起使得传统匠人的作用受到削弱,但这并未影响工匠精神的发展,它仍然存留了下来,并且仍然受到广泛的传播和弘扬。李宏伟和别应龙的《匠人精神的历史继承与当代发展》指出,近代工业的发展使得传统伦理得以延续,但也使得工匠精神在继承与发展时出现了许多新的问题,如传统伦理观念和价值观念正受到冲击,这也正是当代中国出现这种情况的根本原因。邓成在《当代职业教育如何塑造"工匠精神"》

---

① 李宏伟,别应龙.工匠精神的历史传承与当代培育[J].自然辩证法研究,2015,31(8):54-59.
② 肖群忠,刘永春.工匠精神及其当代价值[J].湖南社会科学,2015(6):6-10.

中指出，受历史文化的影响以及现有相关制度的阻碍，许多传统的手工制作技艺正在逐渐消亡，甚至濒临消亡。①他强调，当代我国缺乏工匠精神的原因在于主流观念过分强调人文教育，而忽略了专业的培养，把手工制作看作一种特殊的手艺，而忽略了其他的价值。

（三）培育和重建当代中国工匠精神的研究

对于当代中国如何培育工匠精神、工匠精神的重建等，学者们也有着不同的看法。刘志彪从文化的角度出发，认为"我们缺失的是社会鼓励工匠精神的文化"，具体来说，就是"要建设支撑工匠精神的物质文化、建设支撑工匠精神的行为文化、建设支撑工匠精神的管理文化、建设支撑工匠精神的体制文化、建设支撑工匠精神的价值观文化"。②阚雷指出，要想锻造匠人文化精神，必须以制度作为基础，让匠人养成良好的习惯，再把工匠习惯升华为工匠精神。

二、国内外匠心文化下的工匠精神内涵

"工匠精神"鼓励我们勇于创新，努力完成任务，并且坚持付诸行动。新时代背景下的工匠精神强调我们应该全身心地投入，并且将个人理想、价值观念、道德观念等融入工作。德国的工匠精神强调理智和严格，集中体现在对细节的关注，以及标准化、准确度、完美主义、程序化和扎实的基础；美国的工匠精神则强调务实和创新，体现在通过搜寻和整合有效的技术，找到有效的解决办案，从而获得经济效益，同时也要求人们勇于挑战既定的标准，勇于追求自身的梦想，拥抱变革，拥抱自主。

中国的"工匠精神"汇集古今中外的匠心文化，它的核心理念是尊重职业价值，追求卓越，勇于创新，坚守职业道德，不断提升自身能力，以此来实现职业发展的最大潜力。

---

① 邓成. 当代职业教育如何塑造"工匠精神"[J]. 当代职业教育，2014（10）：91-93.
② 刘志彪. 要"工匠精神"，更要"工匠文化"[N]. 新华日报，2016-07-08（15）.

第三节　工匠精神的理论基础

一、马克思主义关于工匠精神的理论论述

（一）从劳动角度解读工匠精神

因为劳动是工匠最基本的活动，所以关于劳动的思想也就是工匠精神最根本的理论依据。马克思认为劳动是人类有目的的、有意识的活动，是人为了满足需要而进行的社会实践活动，是人的本质活动，是人的生命活动本身，这种生命活动应该是自由的、自觉的活动。首先，马克思充分肯定劳动。他认为，人类是从劳动过程中进化而来，是劳动把人和动物区别开来，劳动是人特有的活动。每个人都是在劳动中生存，并在劳动中成长进步的。马克思深刻揭示出，劳动是构建起一切社会关系的基础。这些社会关系源于人们通过实践来获得的物质生活资源，它们超越了一般的概念，构建出一种独特的、具有深刻内涵的生存状态，是每个人之所以成为这个人而又区别于他人的根本所在。其次，马克思强调要尊重劳动者。他肯定劳动者在创造劳动价值中的主体作用，劳动力是有尊严的，是自由自觉的，是劳动活动的主体。社会主义社会不同于资本主义社会，劳动者不是买卖的商品，而是国家的主人，受法律保护。工人并非仅仅被视为物质财富的经营者，更应该被视为国家的支柱。最后，马克思强调劳动在人类社会中具有的重要基础性地位。科学社会主义建设在劳作的基石上面，而劳作则是实实在在的、有着深远影响的实践，而且它也在发生着改变。随着时代的变迁，人们的活动方式也随之改变。早期的劳动方式仅仅用于解决日常需求，但随着时间的推移，智能化的技术开始取代传统劳动。人在社会实践的过程中产生物质财富和精神财富，带来了人与人之间的社会交往，劳动创造了人的本质。工匠精神是一种深植于人类历史的意识形态，它源自人类长期的实践活动，并且受到社会的影响，而道德则是构成社

意识的基础。工匠精神作为一种职业道德，不可能单独存在，也受到社会的影响。因此，将工匠精神融入人们的日常生活，不仅可以让人们更好地理解劳动的意义，还能让人们更深刻地体会到它的价值，从而使工匠精神成为人们追求的目标。能够创造价值的劳动是自由的劳动与物化劳动相结合的产物。人只有实现自由劳动，才能将工匠精神作为实现人生价值的追求。

（二）从择业观角度解读工匠精神

马克思认为："人只有为同时代人的完美、为他们的幸福而工作，才能使自己也达到完美。如果一个人只为自己劳动，他也许能够成为著名的学者、伟大的哲人、卓越的诗人，然而他永远不能成为完美的、真正伟大的人物。"①在选择职业时，应该将个人利益与集体利益结合起来，不是互相抵消，而是要齐心协力，实现双赢。

（三）从人的全面发展角度解读工匠精神

人的自由全面发展理论是马克思主义关于人的学说的精华，其中包含人的存在和本质、社会理想价值等重要内容。马克思认为："个人是受分工所支配的，分工使他变成片面的人。"②这是在分析资本主义异化劳动造成人的片面发展问题基础上提出的人的全面发展思想，并指出生产力高度发展的共产主义社会是人们获得全面发展的奋斗目标。马克思对人的全面发展进行了系统的阐述：一是人的劳动的全面发展，就是体力劳动和精神劳动集一体的劳动力和劳动关系的充分发挥，还有人的劳动思想和实践等的全面发展。二是人的需要的全面发展。人的需要具有多样性和层次性，随着社会的进步而发展变化，需要一个循序渐进的追求过程来推动人的全面发展。三是人的能力的全面发展。这是人的全面发展的核心内容。正如马克思所说："任何人的职责、使命、任务就是全面地发展自己的一切能力。"人的能力的全面发展就是要提高人的现实能力，同时激发人的潜在能力向现实能力转化。人的全面发展不仅是指拥有良好的社会关系，还要求人们在社会中建立起良好的人际关系，从而实现自身的全面发展。此

---

① 卡尔·马克思. 青年在选择职业时的考虑［J］. 中国民政, 2017（4）：54.
② 马克思. 德意志意识形态［M］. 中共中央马克思恩格斯列宁斯大林著作编译局, 译. 北京：人民出版社, 1961.

外,还要求人们在个性上得到充分的发展,从而达到自身的最佳状态。马克思认为,个性的全面发展是人类追求的最高目标,它要求人们拥有自由、自主、充分统一的能力,从而使他们能够在不同的领域取得最大的成就。工匠精神正是以此为基础,将自由、全面发展作为追求目标,通过不断的努力,让人们能够实现自我价值,并最终获得对自身本质的完全掌控。

工匠精神所包含的是劳动者对于自身价值不断追求,人对于自由的追求过程中,推动了人类社会的发展。随着时代的进步,我们以马克思主义的思想导向,积极探索并推进了以人的全面发展为核心的思想,将其融入到日常生活当中。当今,追求个体价值的途径主要体现在各种社会职能,而这种追求,需要我们具备"工匠"的精神。

二、马斯洛的需求层次理论

1943年,美国著名社会心理学家、人格理论家和比较心理学家马斯洛提出了著名的需求层次理论。该理论是管理心理学中人际关系理论、群体动力理论、权威理论、需要层次理论、社会测量理论的五大理论支柱之一。该理论包括人类需求的五级模型,并且随着人们研究的逐步深入,现如今五级模型已经升级为八阶,分别是①生理的需要,如食物、水分、空气、睡眠、性的需要等。它们在人的需要中最重要,最有力量。②安全需要,如稳定、安全、受到保护、有秩序、能免除恐惧和焦虑等。③归属和爱的需要,即一个人要求与其他人建立感情的联系或关系,如结交朋友、追求爱情。④尊重的需要,包括尊重自己(如尊严、成就、掌握、独立)和对他人的名誉或尊重(如地位、威望)。⑤认知需求,如知识和理解、好奇心、探索、意义和可预测性需求。⑥审美需求,如欣赏和寻找美等。⑦自我实现的需要,即人们追求实现自己的能力或者潜能,并使之完善化。⑧超越需要,即个人的动机,是超越个人自我的价值观,如审美体验、为他人服务、追求科学等的某些经验。人类的需求通常从最基本的需求出发,逐步得到满足,而这些已经满足的需求不会再对人们的行为产生激励作用。当所有的需求都被满足之后,更高级的需求,如尊重和自我实现就会出现。亚伯拉罕·马斯洛（Abraham Maslow）认为，作为一个真正意义上自我实现的人必将产生"高峰体验"，而这种体验就是人对精神生活的追求。随着社会的快节奏，人们的日常生活变得越来越丰富，他们对于精神世界的渴望也越来越强烈。这一变革推动了社会的文明，使得人们的思想观念也变得越来越丰富，从而使得工匠精神成了一种必然的趋势，它将为我们的社会带来前所未有的变革。通过弘扬并培养工匠精神，可以帮助人们获得内在的力量，激发他们的创造力，开阔他们的视野，增强他们的智慧，激发他们的创造力，从而达到他们的梦想，并且不断改进他们的生活，从而使他们的生活变得更加美好。

三、人力资本理论

较为原始的人力资本初级概念来自亚当·斯密（Adam Smith），认为"学习是一种才能，须受教育、须进学校、须做学徒，所费不贷，这样费去的资本，好像已经实现并且固定在学习者身上。这些才能，对于他个人自然是财产的一部分，对于他所属的社会，也是财产的一部分"①。20世纪60年代，美国经济学家西奥多·舒尔茨（Theodore Schultz）和加里·贝克尔（Gary Becker）创立了人力资本理论。舒尔茨认为，人力资本是依附在个体身上体力与脑力的总和。贝克尔指出，人力资本投资与个人收入之间存在正相关关系，即人力资本投入越多，个人收入也会随之增加。换句话说，人力资本就是指体现在个体身上的资本价值总和，包括个体用于教育、培训、医疗卫生、迁移等的投入，是一种长期投入，并且是终身受益的投资。

根据人力资本理论，人力资本最初体现在个人的能力和技能，包括实践技能、理论知识和健康素质。这些能力和技能可以通过提供指导和培训来提高，并且可以在不同阶段获得机会。舒尔茨指出，日本和西德在第二次世界大战后的经济复苏，主要归功于对潜在劳动者的持续投资，从而使人力资本得以有效地转化为实际的经济功能。他进一步指出，这种投资的

---

① 惠宁，霍丽. 试论人力资本理论的形成及其发展［J］. 江西社会科学，2008（3）：78-80.

增值效果，表明了人力资本的重要性，为经济社会的发展提供了强有力的支撑。

就人力资本理论的现实意义而言，对人力资本的合理培育与运用是现代经济社会发展的重要组成部分。教育是人力资本投资的重要方式，也是增强人力资本的有效方法。人们通过教育投资获得所需的知识与技能，从而提升个人人力资本含量，为以后顺利就业增加砝码，以获取更高的待遇。以人力资本理论为基础研究教育理论，提出有效的策略来提升劳动力素质，为工匠精神的培养提供了一种全新的思路和视角。

第二章　中国传统工艺与工匠传统中的工匠精神研究

第一节　中国传统工艺与工匠传统

一、中国传统工艺的定义与分类

（一）中国传统工艺的定义

中国传统工艺以天然材料为基础，融合了浓郁的民族风情和地方特色，通常拥有超过百年的历史，并且拥有完整的工艺流程。

就制作方式而言，受当时生产力水平的限制，中国传统工艺主要是指传统手工艺。传统手工艺是以手工创作方法进行的一项社会性劳动，是我国传统文化的重要组成部分。在不同的时代背景下，人们通过采用物质材料和技术方法，以及运用各种方法，将自然界中的物质和精神元素进行改造，以满足人们的物质精神需求和审美要求，这就构成了我们所熟知的中国传统手工业。这种技能的发展，不仅体现在当今的科技发展，还反映在过去的文化发展中。在非物质文化遗产中，传统手工艺可以被定义为一种古老、富有特殊民族风格和地域特色的技能，包括制作、创作、表演等。

中国的传统文化手工业拥有久远的发展史，它们使用天然原材料，并保留了独特的民间文化，这些手工业的独特之处体现在精湛的手法上。现如今这些拥有丰富经验的手工艺者的职责就是将这些工艺技术融入当代的生活。传统的手工制作方法代表了一个地区的独特风格，它们不仅展示了当地的社会历史、文化，而且为当代的科学发展提供了强大的推动力。

（二）中国传统工艺的分类

中国传统工艺分为14个不同的领域，以满足不同行业的需求。

1. 工具器械制作工艺

工具器械制作工艺：①罗盘类，如指南车、司南、罗盘制作工艺；②舟车类，如木船、木车制作工艺；③乐器类，如芦笙、箫笛、弦乐器、民族乐器制作工艺；④日用器具类，如扇子、油纸伞、锁、舟、筏、马鞍等制作工艺。

2. 传统饮食加工工艺

传统饮食加工工艺：①制茶类，如绿茶、红茶、乌龙茶、白茶、武夷岩茶等制作工艺；②酿造类，如酒、醋、酱油、豆豉、腐乳等酿造工艺；③制盐类，如井盐、海盐、池盐等制作工艺；④腌制类，如火腿、咸菜等腌制工艺；⑤制碱类，即手工制碱的工艺。

3. 传统建筑营造工艺

传统建筑营造工艺：①传统建筑，如木作、瓦作、油漆彩绘、石作、搭材、园林叠造等建筑工艺；②民居建筑类，主要是指汉族传统的民居和少数民族民居（如土楼、吊脚楼、草墙、草房、蒙古包、毡房）的营造工艺；③功能性建筑类，如传统瓷窑、作坊营造工艺；④桥梁类，如廊桥、石桥营造工艺。

4. 雕塑工艺

雕塑工艺：①玉石雕类，如玉雕、翡翠雕刻、水晶、玛瑙雕等雕刻工艺；②石雕类，如文房石雕，即砚台、印章、把玩件等雕刻工艺；③大型石雕，如青田石雕、曲阳石雕、寿山石雕、惠安石雕、徽州三雕、彩绘石刻等雕刻工艺；④石刻，如碑刻、摩崖石刻、墓志铭雕刻工艺；⑤砖雕类，即砖雕；⑥木雕类，如朱金器木雕、黄杨木雕、潮州木雕、东阳木雕、湘东傩面具、木偶等制作工艺；⑦印章类，如木模具、核雕工艺；⑧竹刻类，如嘉定竹刻、宝庆竹刻工艺；⑨面塑，主要有面人、花馍等制作工艺；⑩泥塑类，包括石窟塑像、庙宇塑像、天津泥人、惠山泥人、凤翔泥塑等制作工艺。

5. 织染工艺

织染工艺包括：①桑蚕丝织类，如蜀锦、宋锦、云锦、缂丝、织锦、黎锦、壮锦、绫绢、苗锦、侗锦、丝绸等织染工艺；②棉纺织类，如棉纺织、土布纺织等工艺；③麻纺织类，如夏布织造工艺；④印染类，如蓝印花布印染、蜡染、扎染、夹缬染色、香云纱染等工艺；⑤服装缝纫类，如戏装戏具制作、中山装裁缝、中式服装裁缝、千层底布鞋、旗袍制作、皮帽制作、皮靴制作等工艺；⑥刺绣挑花类，如顾绣、苏绣、粤绣、蜀绣、马尾绣、苗绣、盘绣、挑花、香包绣等工艺。

6. 编织扎制工艺

编织扎制工艺包括竹编、草编、藤编、棕编、纸编、纸织画，彩灯、风筝等制作工艺。

7. 陶瓷制作工艺

陶瓷制作工艺包括：①制陶类，如陶器、紫砂器、牙舟陶、唐三彩、原始瓷等烧制工艺；②制瓷类，如单色釉和彩绘釉工艺；③砖瓦类，如御窑金砖制作、贡砖烧制工艺；④琉璃类，如琉璃、料器制作工艺。

8. 金属冶炼加工工艺

金属冶炼加工工艺包括：①采冶类，如生铁冶铸、铜的冶炼，水银、黄金采冶、炼锌等工艺；②铸造类，如青铜器、铁器、金银器等铸造工艺；③锻造类，如金箔、兵器、农具、铁画、金银饰品、乐器、日用器等锻造工艺；④装饰类，如景泰蓝、花丝镶嵌、蒙镶、金银花丝、鎏金、洒金、厚胎珐琅等制作工艺。

9. 髹漆工艺

髹漆工艺包括雕漆类、推光漆器、脱胎漆器、漆线雕髹饰等髹漆工艺。

10. 家具制作工艺

家具制作工艺包括家居用品，如座椅、桌案、茶几、床、屏风、窗等，其制作工艺涵盖古老的榫卯连接、粘贴、木刻、镶嵌螺纹、涂油、抛光等手工工序。

11. 文房用品制作工艺

文房用品制作工艺：①造纸类，如宣纸、皮纸、连四纸、桑皮纸、竹纸等制作工艺；②制墨类，如徽墨、墨汁、印泥制作工艺；③制砚类，如端砚、歙砚、洮河砚、澄泥砚等制作工艺；④制笔类，主要是指毛笔的制作工艺；⑤颜料类，如矿物颜料、植物色素的提取制作工艺。

12. 印刷术

印刷术包括雕版印刷、活字印刷等工艺。

13. 刻绘工艺

刻绘工艺包括剪纸、刻纸、木版年画、内画、庙画,还有彩绘、皮影等工艺。

14. 特种工艺及其他

特种工艺包括传统书画装裱、文物修复,以及其他传统工艺。

二、中国传统工匠制度的历史沿革

(一)原始社会平等的氏族工匠

在早期的原始社会中,人们的文明、技能迅速发展,各种生产工具、日常用品的数量也在大幅度上增长,而且这些物质的使用也朝着更为精细的方式演变,如从古老的磨制石器,逐渐演变成打造石器。

"劳动的社会性可以使人类把不同的活动甚至包括劳动的概念和执行从个体身上解脱下来,分配给不同的人去进行协作活动"。仰韶文化与龙山文化时期,陶器的生产技术以仰韶文化的彩陶文化尤为突出,它的生产技术不仅涉及陶土的挑选,还涉及陶泥的配比、陶坯的加工等环节。在仰韶文化晚期,慢轮制陶法被提出,而在龙山文化时期,这种制陶方法得到进一步的改进,制造出的陶器更加精致、细腻,制陶的难度也大大降低,这使得制陶变得更加容易,而且只要拥有一定的技艺,就可以轻松完成这项任务。因此,具备技能的人被称为"早期的工匠"。

在原始社会晚期,部落联盟的形成为当时的人们提供了一个自由的社会,他们可以自由地进行手工劳动,而不必受到任何形式的统治和剥削。《孟子·公孙丑上》篇中:"舜自耕稼陶渔以至为帝,无非取于人者。"神农氏、尧、舜、禹都是在某一方面有特殊技术能力的氏族领袖,可以说是中国古代"工匠型"圣王。在这个时代,工人们都是自由平等的,他们不会受到任何压迫或剥削。

（二）先秦时代的官匠与民匠

随着私有制国家的建立，人们被划分为士、农、工、商，而工与商是最末一类。根据考古发现，三千多年前的殷墟遗址上就有了官府作坊。换句话说，在当时已经有了官匠与民匠的区分。官匠是专门为政府提供服务的技术专家，他们的作品被政府机构和社会大众所采纳；而民匠则是以自身的劳动力为基础，他们的作品主要被用于商业交易中。

先秦时期的文献有官匠的记载，如《国语·晋语》中有"庶人食力，工商食官"。《周礼·考工记》被认为是中国第一部详细描绘了官方手工业的生产流程及技术要求的重要参考资料，其中"攻木之工七，攻金之工六，攻皮之工五，设色之工五，刮摩之工五，抟埴之工二"明确了工艺分六类、三十个工种等。《周礼·考工记》涵盖传统的手工技术，如木匠、铸造师、皮匠、染匠、陶匠、城市设计师，还涉及教育、经济、政治、文化、社会发展的各个领域，同时也提供了一系列的实践经验。

先秦时期，由于社会的剧烈变化，给当地的工艺师们带来了良机，《孟子·滕文公》中的一段描述更加凸显出这一点，"有为神农之言者许行，自楚之滕，踵门而告文公曰'远方之人闻君行仁政，愿受一廛而为氓。'文公与之处，其徒数十人，皆衣褐，捆屦织席以为食。"这表明，民间工匠在自然经济结构中已经开始崭露头角。《论语·子张》中记载："百工居肆，以成其事。"当时的民匠以类聚的形式在市镇设立商铺，在政府的统一管理下进行生产销售。另外，战国时代的诸侯混战，还产生了"流佣"——游走各地方的民匠，他们只是凭借自身的技能和简易的制造用具，但没有能力开办商铺，只好沿门求雇，用他们的原材料生产加工或进行修理等工作，以此获取劳动报酬来维系生计。

（三）匠作制度的起源与发展

秦始皇统一六国后，面对数百年诸侯割据而形成分裂局面，需要大量的人力来建设刚刚成立的王朝，因而必须招募大量的劳动力。例如，修建万里长城、直道、驰道都需要大量的工匠。官府还会从各地招募工匠，让他们进行无偿劳役。在此基础上，封建统治阶级建立了庞大的官工体系。根据有关史料统计，秦始皇统治时期，人口大约两千万，劳动力人口约一千多万，征调人力约占总人口的五分之一。

在西汉初年，朝廷实施休养生息的国策，出现了文景之治的良好局面，使得当时的经济和文化得以繁荣昌盛。虽然民匠有了较好的社会生活环境，但大量的技艺人才仍然被迫屈从于官府的管理体制下。汉武帝时，桑弘羊推行盐铁官营政策，民匠的发展再次受到限制。

在魏晋南北朝时期，由于持续的战争和自然灾害，当时的社会经济陷入了严重的衰退。"家户空尽，差代无所"①描绘出当时的政府面临的一个棘手的问题：当时官府招民匠服徭役都苦于没有征召对象。

从隋再度一统到大唐盛世，社会经济的蓬勃发展为手工业劳动者创造新的发展契机。唐朝初期，在官府服劳役的工匠分为三类，即短番、长上和明资。其中，短番就是每月定期前往宫廷的工人；而长上则是每年都要前往宫廷的工人，并且可以享受带薪的假期；而明资则是那些可以获得报酬的人。唐朝时期，采取了重大的措施来改革传统的工匠管理体系，即采取纳资代役的方式和雇工劳动。20世纪七八十年代，这项措施仍然被广泛应用于乡镇，如冬季当地政府会从乡镇的闲置劳动力中招募大量的技术能手，部分家庭富裕的可以出钱雇佣其他人为自己干活。唐朝中期以后，大部分工匠都可以缴纳一定数量的绢或钱来代替服役，以求全年在家生产劳动。从此以后，官匠与民匠的区别越来越小。除此之外，隋唐时期的官匠大多采用轮流服役的模式，每年的服役时间通常不会超过两个月，以确保他们的职责和责任。

在元代，统治者采取了匠籍制度，将具备技能的工匠划分为官匠、民匠和军匠三类，以此加强对工匠的管控，尤其是对民匠的发展进行严格限制。

匠籍制度在明代延续使用。然而，当时的商业活动的蓬勃发展，明清两代的匠人们获得了巨大的机会，他们利用瓷器的资源来谋生，如"民窑二三百区，终岁烟火相望，工匠人夫不下数十余万，靡不借瓷为生。"②然而，清朝顺治二年，也就是1645年，清朝政府宣告废除这一制度。实际上，当时官匠和

---

① 房玄龄. 晋书［M］. 北京：中华书局，2000.
② 庄林德，张京祥. 中国城市发展与建设史［M］. 南京：东南大学出版社，2002.

民匠的区别早就不复存在了，取而代之的是雇佣与被雇佣的关系。

三、中国传统工艺的传承价值

中国传统工艺的传承可以满足人们的精神追求。从文化发展的角度讲，中国传统工艺属于非物质文化遗产的重要范畴之一，非物质文化遗产是国人宝贵的精神财富。作为我国的非物质文化遗产，这些技能在未来具有巨大的潜力。从经济开发的角度看，中国传统工艺等非物质文化遗产是先贤留给当代人的宝贵财富。"一方水土养一方人"，也养活了一方的经济和手艺。在社会经济发展方面，中国传统工艺展示出古老的技术、文化、技能及其他多种多样的非物质文化遗产，为未来提供了丰厚的资源。随着时代的进步，中国传统工艺已被视作本土的象征，它们既有助于提升本土的旅游业，又有助于推进本土的经济增长，同时也有助于保护和传承中国的文化遗产，使其免受时代的淘汰。

总而言之，为了保护、传承和发展中国传统工艺，不仅需要我们继续努力，还需要我们在经济发展方面作出贡献。

第二节　中国工匠传统传承下的工匠精神

一、中国传统工匠的传承方式和传承制度

（一）中国传统工匠的传承方式

1. 言传

传统工艺的传播主要依靠语言，师傅们通过口头传授技艺给徒弟。然而，由于大部分手艺人缺乏文化素养，大多数传统工艺的制作都是靠师傅的指导和自己的摸索完成的，因而没有大量的文字记录可供参考，也很少有人会去记录这些技艺的制作过程。

随着时间的推移，传统工艺的方法不断演变，经过一代又一代的手

艺人的不断探索和创新，最终形成一系列简单易懂的词句，以便徒弟更好地理解传统工艺的精髓。然而，由于时间的流逝，这些技术也逐渐消失，有些甚至不可考究。例如，在木工制作的过程中，"快锯不如钝斧"这样的口诀被广泛传播，即木匠在处理不同材质的木头时，应该使用不同的工具，有时候，斧子可能比锯子更有效。然而，如果没有经验丰富的师傅来解释和讲解，这些口诀就很难被人们真正理解。因此，只通过口头传播，无法完整地保存传统工艺的技术和发展历史，也无法分辨它们的真实性。因此，仅凭借语言描述，学习者很难清楚地理解传统工艺的操作细节，只能初步掌握传统工艺的制作技术，但是这些技术并不能完全反映出实际的生产过程。从学习和接受的角度看，只有将传统工艺与图像信息充分结合，才能更好地保存和传承传统工艺。

2. 身教

身教是一种传授技能的方式，它要求师傅以身作则，将自己的经验和知识传授给徒弟，使他们能够更好地理解传统工艺的技术，而不只是口头上的讲解。

通过身教，我们可以更好地传承、保护和创新传统工艺。举个例子，制作钧瓷需要特定比例的陶土。在处理泥土的过程中，根据春、夏、秋、冬不同的季节，空气中湿度的不同，所需要添加在陶泥中的水分多少也是不同的。烧制过程也非常严格，每一步都会对最终产品质量产生重大影响。首先，在进行釉面处理之前，必须进行素烧，以便让坯体中的水分蒸发掉。根据季节、天气、釉水的浓度等因素，第一遍浸釉的时机至关重要。为了确保瓷器的质量，师傅们必须提供精准的指导，以便把握最佳的浸釉时机。其次，在烧制瓷器的过程中，要求坯体被放置在四面受热均匀的位置，以确保其质量。因此，师傅的及时指导不仅是瓷器制作的关键，更是掌握传统工艺的最佳途径。最后，在陶瓷创作中，技巧的运用是最能展现作品风格的。在指导学生的过程中，师傅不仅要传授传统的制作流程，还要鼓励他们进行独特的创新。每个艺术家都有自己独特的理解和表达方式，指导者应该把这些方法传授给学生。

3. 物传

物传是一种将传统技艺通过图谱、艺谱、传统工艺品等媒介传播出去的方式，它可以帮助人们更好地理解和记忆过去的传统工艺，并且通过研究古老的制作作坊等历史遗迹来复原。

《考工记》《齐民要术》《天工开物》等古代著名的书籍，既可以揭示当时的手工业的发展水平，又可以帮助历史学者深入探索当时的生产流程，更可以帮助我们更好地理解当时的传承与改进，从而更好地保护我国的古老技术。通过使用图谱、艺术作品及传统手工制作的物件，人们可以轻松地将它们与日常生活联系起来，并且发扬和传承。

通过参观古代的作坊和其他文化遗产，可以更好地理解和学习古代的技术，尽管这种方法的困难性不小，但是仍然有许多成功的实践。以宋代的钧瓷为例，卢氏家族从清代开始，不断努力恢复宋代已经消失的钧瓷，并且发现其中所采取的独特的火窑结构。经历无数次的艰苦探索，卢家的家族终于以炉钧小窑的技术取得了一定的进步，他们不仅能够生产出传统的钧瓷，而且能够制作出多种不同的颜色，如鱼肚白、朱砂红、蓝釉带彩斑，并且他们还研发出了"黑唐新花""钧花釉"，受到全球陶艺界的高度认可，为钧瓷的进步及其创新作出了贡献。由此可见，物传对于传统工艺传承和发展起了重要作用。

（二）中国传统工匠的传承制度

1. 家族传承制

"家"在中国传统文化中一直是重要的概念。传统的工艺流派通常是以家庭为单位，由子女继承父辈的技能。血缘使同一姓氏的人们聚集在一起，使得传统工艺在家族内得以传承和传播。《国语·齐语》记载："令夫工群萃而州处，审其四时，辩其功苦，权节其用，论比协材，旦暮从事，施于四方，以饬其子弟，相语以事，相示以巧，相陈以功。少而习焉，其心安焉，不见异物而迁焉。是故其父兄之教，不肃而成；其子弟之学，不劳而能。夫是，故工之子恒为工。"家族传承制采用"父兄之教"和"弟子之学"的家传教育方式，老一辈的手艺人以面对面的方式传授传统技艺，使得孩子们在没有任何负担的情况下，也可以掌握技艺，从而实现技艺的传承和发展。古代的工匠通常会非常谨慎、认真地将他们的技能传承给后代，如唐代《织女词》中"东家头白双女儿，为解挑纹嫁不得"，为了保守家传的技术秘密，两个女儿竟终身未嫁。这样严苛的传承制度，其原因在于古代社会生产力低下，工匠保持本家的一技之长才能保障全家的生存。如果将生产生活技术传给别人，就是在为自己制造竞争者。换句话说，就是在自断生路。

家族传承制的优点：一方面，它可以有效减轻外来的影响，使得传统的手工制作得到更加全面的传承；另一方面，各行各业的工匠调动世代相传的力量，不断学习和改进，从而实现最佳的制作效果以达到登峰造极的地步。家族传承制的缺点：一方面，由于和外部环境的距离太远，创新能力受限；另一方面，若是后代不愿意继承先辈的手艺，或是家庭发生了巨大的变故，那么这门传统工艺也可能随之消失。

2. 师徒传承制

中国传统文化中有"天地君亲师，师徒如父子"的观念，师徒传承也是中国传统工艺传承的主要途径。当师傅收徒弟时，他们通常会有一个拜师仪式，徒弟需要向师傅表示尊敬，并行大礼，然后才能够跟随师傅学习技艺。徒弟要按照封建家长制寄宿于师傅家，与师傅同吃、同住、同劳动。师徒之间的情谊是非常可贵的。师傅既传授给徒弟知识，又承担着家长的职责。他们给予徒弟无微不至的呵护，徒弟把他们当作自家的长辈，表达出最真挚的感情。由于不受亲属关系的影响，师傅的教导比起家庭教育更加普及，影响力也更加深远。

然而，师徒传承制的限制也很明显。在教育过程中，师傅往往具有威严的态度，他们只是单方面地传授知识，而徒弟则需要凭借自身的理解力来学习，从而使得传统工艺的完整性受到了影响。此外，由于各种条件的限制，师傅在教授徒弟的过程中，怕出现所谓"教会徒弟饿死师傅"的情况，往往不会将关键技术完整地传授给他们，甚至有时会把它们保留不传。

3. 组织传承制

随着时间的推移，人类的消费欲望不断增长，越来越多的人开始购买手工艺品。许多传统的小型生产商也开始壮大起来,甚至建立了自己的生产团队。他们致力于保护和推广手工技术,同时也为后辈提供指导。比如,民间手工艺的行会。行会是古代手工业与商人的社会组织,产生于隋唐,发展于宋元,到了明清时期发展到了顶峰,它们的建立和完善使得当时的手工业和商界能够更加协调、稳定,并且在当时的社会中拥有着极其重要的地位。它们的建立和完善,使得当时的技术和文化得以更加广泛地传播,为当时的经济增添了活力。

随着行会的发展,传统工艺的传承和发展也迎来了一个全新的阶段。当走出了家族传承、师徒传承,开始大规模以商业化的模式进行传承的时候,传统工艺的传承不仅更加广泛,而且更加系统,从而为传统工艺的传承和发展提供了坚实的基础。此外,相应的技艺学校也应运而生,以满足社会对传统工艺的需求,促进了传统工艺的发展和传播。

二、中国传统工匠的信仰与伦理观

在先秦时代,"以道驭术"的概念已经深入人心,儒家、道家、法家、墨家等不同的学说也都为当代的劳动者提供了更加完善的道德准则。

1. 儒家的"以道驭术"

儒家"以道驭术"的前提是明确技术与道德的关系。儒家肯定工艺的社会效用,同时也要对工艺有可能造成的不良影响加以约束。儒家认为应当"以义理为本",即在评判工艺的意义时要采用道德评价方式——对社会道德起到正面作用,被认为是有用的技艺;不符合儒家价值体系,则被认定为无价值,甚至要加以限制。若"术"不能够符合仁义之道,那么就不应该被提倡,必须加以限制;反之,若只是追求技术而缺乏真正的仁义,那么也不应该被提倡。

2. 道家的"以道驭术"

道家的"以道驭术"是建立在"道法自然"基础上的技术伦理观。庄子认为,"道进乎技"强调的是以创新的方式来发展技能;"道在技中",强调的是只有拥有高超技能的人;"道技合一",即所谓"天人合一",强调的是将人和工具结合起来,以此来指导和约束工匠的道德操守。道家思想重视如何在技术活动中建立起一个良好的平衡,以保证人们之间、个体之间及社会之间的互相尊重,这也正是工匠所追求的理想状态。

3. 法家的"以道驭术"

法家强调规矩的重要性,认为工匠如果没有一定的规矩,只是按照自己的喜好来完成做工,即使是最简单的车轮也做不好。此外,法家还反对不实用的技术,认为它们对社会的影响是负面的,应该加以限制,以保证社会的正常运行。这种态度一定程度限制了当时工艺技术的进步。

4. 墨家的"以道驭术"

墨家认为,个人修养是最重要的。因此,墨家要求强调工匠应当具备吃苦耐劳的精神,以便在当时的社会中发挥自己的作用。它认为,只有当工匠能够制造出有用的物品,比如车辖,才能被称为"巧",而不是仅仅制造出精美的物品。如果工匠拥有精湛的技能,但他们却被用于不公正的战争,这是不可接受的。此外,过度的技术使用也被墨家视为不可接受,因为它们对普通老百姓的生活毫无帮助,甚至成为贫穷的根源。

三、中国工匠传统传承下工匠精神的伦理规则

(一)诚工规则

"诚"是中国传统伦理学中的主要组成部分之一,其思想在工匠伦理方面亦有所体现,而"诚工"作为工匠伦理的基本要求,后世则从不同的视角对其进行了深入的探讨和完善。

"诚工"既是工匠的个人标准,也是工匠行业的集体要求。"诚工"规定了工匠的基本原则,他们必须以诚实的态度对待自己的职业,按照制作器物的基本要求,不计较回报,认真负责地完成任务,确保所制作的器物质量达到最高标准,为社会带来实实在在的好处。

为了确保产品质量,首先,工匠必须严格遵守各项工艺指标和规则,并且在制作过程中不能有任何偏差。其次,工匠还需要在产品上标注自己的姓名,以便日后追究责任。再次,由工师指导工匠完成任务,工师则负责检查

和评估工匠的工作效率，并加强对质量的管理和监督。最后，工匠需要不断学习技能，提高技能水平，并在制作过程中保持严谨和追求完美。

（二）良工规则

"良工"是"诚工"的延伸。中国传统伦理强调人的道德标准，不论是在技术上还是在道德上，都有明确的规范，以确保遵守伦理准则，并且能够满足技术的需求。一是要求工匠作为底层劳动者，具有不怕辛苦，崇尚节俭的特点。二是强调不能从事过度的技艺制作，衡量技术的指标并非取决于一个人的才华，而取决于他所创造的产品给予社会的贡献。三是希望通过自身精湛的技术实现立业置业，工匠维护自身所创字号、名头的声誉，不断提高其专长和能力以获取更大的成就，同时也能够给予他们的子孙后代更多的经济收入，他们的技能和知识能够被更多的人传承、掌握。四是把个人的专长和能力融入社会的发展之中，将自身技艺价值体现于社会所需，这也正是中国传统的工匠道德。

第三节　中国传统工艺中体现的工匠精神

一、人与物：以"诚"为核心的工匠精神

工匠所从事的工程活动，是人与物的关系，是作为主体的人与作为被改造、被创造客体的物之间的一种存在形式，从中国哲学传统伦理观出发，理解好这种特殊环境下人与物的关系，有助于接近工匠精神中以"诚"为核心的伦理内涵。

（一）人与物之间"诚"的道德意蕴

在人与物的互动中，人是主动而非任意的。《中庸》中说："诚者，天之道也；诚之者，人之道也。""诚"对于人与物关系而言是一种伦理精神。"诚"的本质在于人真实无妄的本性。诚意作为圣人之本，要求不自欺、不欺人，正常表达自己的情感。"诚"与中庸是密切相关的，中庸是儒家学说的中心部分，可以作为道德主张。儒家以"中庸"作为其行动

的指导原则,认为它代表着一个普遍的真理,而这个真理并非一个超越自然的存在,而是一个由自然规律所决定的客观实际。儒家的核心价值观就是"诚",它把自然规律和社会规范紧密地连接起来,以此作为实践"诚"的唯一途径。"诚"被视为一种重要的道德准则,它既能够帮助我们建立起一种良好的沟通桥梁,又能够让我们更加清晰地认识到自身的价值,从而更加明智地做出正确的选择,避免走入歧途,更加清晰地认识到我们的责任和价值。

1. "诚"的内在理解

《论语》中"诚"本身并无太深的含义,孔子谈"诚"非有意为之,而是日常谈话及行为中的自然提出,并未将其作为专门的一个概念来论述,直到孟子提出"诚者,天之道也,思诚者,人之道也",将"诚"提至道的高度。"诚"传至荀子,"不诚不能化万物",强调诚意作用,给予"诚"很高的地位。传至《中庸》,将孟子"诚"的思想阐释、发扬,较为系统地加以关注,《中庸》将"诚"视为根本,认为"诚"是善和美的价值所在,"诚者,物之终始,不诚无物"。而后,更是历经多位大儒将其完善,并且超过孔子当时的论说,天人合一观认为"诚"是打通天人的宇宙本体。

2. "诚"的外在体现

首先,"诚"的本质是勇于正视,它可以让人们看到自身的缺点,而无需掩饰它们。《论语》中提到:"君子之过也,如日月之食焉,过也,人皆见之;更也,人皆仰之。"在对待所做事物时,能不断修磨,及时调整,达到提高自我素质,持续前行的效果。其次,"诚"体现为说到做到。言行一致,言出必行,言行统一,不能只言而不行;言行不符合实际就不要说,否则就会被认为是不真实的。在决策前,我们应该仔细审视自己的行动,评估自己的实力,并且明白自己的承诺和期望,只有在达到自己的期望和承诺的前提下,我们才能够实施我们的计划,并且达到预期的效果。最后,"诚"体现为真诚善良。"诚"的本质就在于它的正直、勇敢和责任感,它不仅表达出一种责任感,还表达出一种忠贞不渝的精神。

3. "诚"在人与物关系中的地位

《中庸》将"诚"从一个抽象的角度提炼出来,作为一种把握世间事物的态势的力量,它既可以作为一种指导,也可以作为一种推动力。"诚"是一种美德,它可以帮助人们提升自我,从而改变世界,"赞天地之化育"正是这样的理念。在社会实践中,《中庸》强调"诚",要求人们在日常生活中以诚信的态度对待他人,并以良好的道德标准来指导自己的行为,从而达到思想和行动的统一。

(二)人与物之"诚"映照工匠精神

工匠却可以把技术发挥至极限,他们也乐意忍受孤独,这正是由于他们所从事的职业激发出一种内心深处的坚定信念,并且以实际的努力去实现"察乎天地"的理想。通过坚持"诚"的原则,我们可以实现自我完善,达到和谐共处的境界。工匠直接面对物,体现人与物的关系,工匠如何对待塑造物具有不同的境界,其高境界是以工匠精神对待物,这种高境界就是"诚"的境界。因而,"诚"的精神是中国工匠精神的本质内涵之一。

二、人与人:以"信"为核心的工匠精神

深入研究中国传统文化中"信"的核心思想,我们可以更加清晰地认识到工匠精神中的这种关联。

(一)人与人之"信"的意蕴

在中国传统文化中,"信"被视为一种重要的道德准则,它不仅可以促进彼此的交流,还能够保持社会的稳定。"信"的核心是一种真诚的交流,它是通过双方的行动而实现的,因此"人言必信"是其中的核心。孔子的"信"涵盖两个层次:第一层次的"信"指的是遵循诚实原则,以获得别人的认可;第二层次的"信"指的是以诚实的态度去对待别人,以获得别人的认可。因此,作为一个个体,我们必须以诚实的态度去对待别人,以获得别人的认可。

1. "信"的内在理解

"信"是建立和谐关系的基础,孔子将它和孝、悌结合,构成伦理道

德的基石。"信"是指每个人必须拥有的道义行为,它不仅可以帮助我们更好地适应社会,还可以成为我们行事的基本原则。

2. "信"在人与人关系中的地位

"与人而不信乎"强调了"信"的重要性,它要求我们以真诚的态度去对待他人。我们应该坚定地相信自己,认可自己的存在,并且努力让自己的行为保持一致,这与强迫他人相信我们是有区别的,也是"信"之人的基本标准。"信任"为人际关系提供了一种责任保障,即当一方把自己认为重要的事情托付给另一方时,另一方也必须承担责任,如果双方无法完成托付的任务,则双方都必须承担由此产生的后果。

(二)人与人之"信"映照工匠精神

在日常生活和职业活动中,"诚实"作为一种道德标杆,被广泛认可和尊重。作为一名工匠,他们的行动和表达,能反映他们的道德品质,同时也反映出他们的职业操守,这些构成一种独特的文化价值观。工匠必须遵守"信"的原则,以免被骗或被误导。他们的工作也必须符合"信"的标准,否则他们的工作将变得毫无价值。工匠必须坚持"信"的原则,以便他们能够更好地建立和维护工作和社会的联系。换句话说,只有将"信"融入人际交往的道德准则,才能使双方的交往达到最佳状态,从而获取彼此的认可。信任需要双方的共同努力,以便能够更好地理解彼此。

在孔子看来,"信"是最根本的道德原则,它既体现了人们的诚实,也体现了他们的责任感。因此,在社会中,"信"应该被视为最高的道德准则,它既可以帮助人们建立良好的社会秩序,也可以更好地实现道德目的。工匠必须以诚实的态度来完成他们的工作,并且能够以此来提升他们的技能。造物不仅是人对物的操作,也是对物有价值需求的人所托付给工匠的一种责任,是对所托之工匠的信任,这种信任有时体现于对一个工匠个体的选择,有时体现于对一个店铺字号的选择,因而工匠精神也包含"信"的伦理要求。

三、人与自我：以"敬"为核心的工匠精神

工匠在完成工程任务的同时，也在不断提升自身的道德修养，他们深入研究中国古老的伦理观，以"敬"为核心，去探索和实践"修己以敬"的精神。

（一）人与自我关系的传统理解

儒家思想认为，个人的道德和行动应该符合社会的规范，体现于自我修养或修身之中。因此，修身的目标是成为圣贤之人、君子之人、大人之人。儒家认为，只有坚持不懈地努力，才能够达到"明明德"中所提出的内圣的境界，这就需要每个人都具备良好的道德品质，并且能够以内在的反思和改进来达到这一目标。

（二）人与自我之"敬"德意蕴

人与自身之间的关系被视为一种独特的主客体，因此"敬"这一概念从最初的尊敬神明和祖先的态度发展成一种追求修养的道德准则，在这种关系中占据着重要的地位。从字面上来看，"敬"的本义是"警"，它的意思是既严肃又认真的态度，正如孔子所说："居处恭，执事敬，与人忠。虽之夷狄，不可弃也"，视"敬"为人事的根本，成为"思诚"之道。

1．"敬"的内在理解

"敬"作为价值追求，成为信仰的维度，不仅是一种天赋的道德准则，也是人类行为的基础，是走向真实的道路。要达到真实，就必须从尊重自己的价值观开始。"主敬"之说把"尊重"提升到一个更高的层次，来表达这种价值观。重申"敬"是进入道德的基础，是实现道德的起点；它是学习的关键，并且能够修复被损害的品质。

2．"敬"的外在体现

孔子认为，"敬"是一种精神上的修养，它先要求个体具备良好的道德品质，应该以文明的态度来对待他人，从言谈举止中体现出礼貌，以此来表达对他人的尊重。

3．"敬"在人与自我关系中的地位

"敬"之人心坚志稳，不随波逐流，不左右摇摆，将"敬"作为人生

的主心之义，不为外界因素干扰，不害怕各种困难。《周易》说："君子敬以直内，义以方外，敬义立而德不孤。""敬畏"的情感源自"敬"的演变，它是一种经过深思熟虑的结论性反应，是一种负责任的行为；敬畏则是一种对整个世界的深刻理解，是一种对自然、社会、历史的尊重，是一种对自然的认知，也是一种对自身的尊重。以敬天为根本，表明人们对世界的看法，并在文化传承中成为道德本性，成为基本追求。

（三）人与自我之"敬"映照工匠精神

"敬"作为自我修养要旨，必然反映在个体生活实践当中，不论何时何地都应该贯彻到日常的行动和思想，而这种尊重也可以通过尊重他人的专长和技能得到充分展示。通过不断学习，不仅可以掌握技术的核心，还可以从中受益，这需要付出极高的努力，甚至可能花掉一辈子的时光与精力。工匠的热忱源自他们深厚的道德观，他们把尊重作为一种行事的准则，即使在古代的贫穷落后的环境下，依然可谓正德。每一件杰出的艺术品、令人惊叹的构思，都收藏着工匠对自我的敬意，以及他们内心深处的崇高。

第四节　"工匠精神"对当代中国的价值

一、"工匠精神"推动中华民族伟大复兴

强国必须先强质，培育执着、专注、细致、严谨、创新、追求完美、追求精益求精的"工匠精神"是实现中华民族伟大复兴的必然要求，它的培育有利于支撑中国制造、支持中国脊梁、坚定中国自信、彰显中国精神。

（一）"工匠精神"支撑了中国制造

"工匠精神"象征着一种精益求精，勇于创新的精神，为中国的经济转型和国力的增长提供了极大的助力。通过对"工匠精神"的宣传，可以唤醒国民的责任感，增加国家的凝聚力，让每一个中国公民都能够肩负起国家的责任，拥抱变革，实现中华民族的伟大复兴。随着国家的积极推

动，"工匠精神"引起了社会的广泛关注。为此，许多人都积极投身于"工匠精神"的学习，以增长专业知识，提升专业水平，既要满足经济的迅猛增长，又要注重产品的优良性，为中国的美好未来而奋斗。因此，我们应该努力弘扬"工匠精神"的理念，唤醒全民的责任感、勇气、毅力，无私地奉献，勇敢面对挑战，克服重重困境，勇往直前，从"中国制造"向"中国精造"迈进。随着"工匠精神"的不断推动，中国的制造业发展迅速，取得了惊人的进步。

第一，制造业作为拉动我国经济发展的重要力量，对国内生产总值的提高具有不可磨灭的作用。我国在精益求精的"工匠精神"的引领下，坚持追求质量和效益并重的发展理念，在近几年，我国的经济在不断地发展，我们的国家在不断地进步，同时对世界的经济发展具有一定的贡献。

第二，在我国供给侧结构性改革深入推进的过程中，"工匠精神"同样发挥了重要的作用。"工匠精神"促成了全面改革的不断深化，大大提升了我国的交通基础设施，如公路、高铁、桥梁、机场、港口的运行效率和质量。随着"工匠精神"的引领，我国的高铁行业迅速崛起，以极致的精准性、卓越的品质，迅速跻身全球高铁制造业的前列。

第三，"工匠精神"的影响力让人们关注于产品的质量，这也让我们走出了以往的低端路线，朝着"中国质造""中国精造"的目标前进。中国的"工匠精神"在"蛟龙号"载人潜水器、"墨子号"空间量子科学实验卫星的出现中得到了充分展示。

（二）"工匠精神"支撑了中国脊梁

所谓中国脊梁，是指那些脚踏实地、勤勤恳恳，能够为祖国的事业无私奉献和艰苦奋斗的人们。他们为国家的发展和民族的独立作出了巨大的贡献，他们的行为和思想深深影响着中国的发展。中国自古就不缺中国脊梁。中华人民共和国成立之后，为早日实现中华民族伟大复兴梦而默默坚守岗位、默默付出的人就是中国脊梁。他们从不为一己之私，只为能够奉献自己的力量与智慧。如今，创新和发展正在成为国家的指导方针，我国正在努力超越"中国制造"，走上全球领先的科学技术水平。我国需要建立起一个具备竞争优势的、具备良好专业知识和技术的团队，更需要追求卓越的意识和决心。所有一线的工人们都是中国的脊梁，他们为民族复兴而战，为攀世界科技高地而拼。"工匠精神"以其坚定的信念、不懈的努力、极其认真的态度、不断的进取和不断的探索，成就了中国的强大。

"工匠精神"的引领，激发了中国人民不断进取的热情，催生出一批又一批充满活力、勤奋好学、敢于承担责任、乐意付出的中国人。

黄大年无私奉献，以实现中华民族的繁荣昌盛和振兴为己任，成就卓著。当国家面临危机，他毅然决然地返乡，投身于中国的教育和科学研究，以此来支持祖国的发展。高凤林是奉献于航天事业的伟大焊接匠人，他于1980年从技工院校毕业后，就一直坚守在火箭发动机焊接工作的岗位上。虽然焊接表面上看起来很容易，但实际上，它的精确性和准确性取决于所处的环境和材料。高凤林在前辈师父的引导下，历经艰辛的学习和探索，最终成功地攻克多项焊接难关，并且掌握了非凡的焊接技术，从而为嫦娥探月、北斗导航、载人航天等国家重大项目的实施和发展作出了杰出的贡献。高凤林是焊接技工中的典范，更是中国脊梁的典型代表。

（三）"工匠精神"彰显了中国精神

"工匠精神"标志着中国精神的复苏，激励着中国的国际竞争力和国际影响力，推进着社会主义建设，激励着公众参与到我们的社会建设中来。因为在"工匠精神"的带领下，培育出了更多的优秀人才，他们兢兢业业、刻苦认真、细致严谨、追求完美、敢于开拓、乐于创新、默默付出，他们是推动和实现中国兴旺发达的顶梁柱。通过"工匠精神"的熏陶，他们的热情被点燃，潜力被释放，从而催生出一批又一批为实现中华民族伟大复兴而不懈努力的人才。而这一批批具有执着、专注、细致、严谨、创新、精益求精精神的"筑梦人"，会时刻用他们的汗水、用他们的工作成果，彰显出伟大的中国精神。

二、"工匠精神"引领社会良好风尚的形成

随着我国经济的飞速增长，以及社会的变革，政府采取的"走出去""引进来"的策略，使得全球的文明、理念、信仰、行为等都得到了

一定的改变，从而形成一个充满活力的新时代，一个追求财富、追求物质享受的新时代。"工匠精神"就如同一股拂过漫天乌云、笼罩在黑夜的微光之下的清流，坚定不移地坚持"工匠精神"的理念，不断探索、实践、改进，不断超越，为构建一个更加和谐的社会作出了应有的贡献。

（一）"工匠精神"有利于爱国风尚的形成

"工匠精神"倡导的坚持、投入、探索、创造、持续改进的精神，从而激发全民共同努力，共同追逐更加繁荣昌盛的未来。"工匠精神"深刻地反映出中国人民的热情和责任感，它既提倡勤勉、认真、谨慎、勇于探索、追求卓越的精神，也鼓励我们以实际行动来探索中国梦，共同推动中国的社会进步。另外，"工匠精神"的培育是我国爱国主义教育内容的主要组成部分，我国所倡导的爱国主义教育中就对人们进行了有关热爱劳动、艰苦奋斗、勤劳敬业等教育。所以，"工匠精神"与爱国主义精神的奋斗方向高度一致，培育"工匠精神"有利于人们在社会实践中涵养爱国主义理念，有利于激发人民在社会中的爱国主义情感，有利于爱国主义社会良好风尚的形成。具体表现在以下两个方面。

一方面，"工匠精神"的丰富内涵展现了人们执着、专注、细致、严谨、精益求精的优秀品质。这一品质不但是自己个人发展的需求，更是企业发展和国家富强的基本要求。在这样的要求下，在"匠心"的激励下，人们牢记自己的工作使命，为祖国能有一个美好的未来而努力。

另一方面，"工匠精神"的教育可以帮助人们树立正确的价值观和工作态度，在个人利益与国家和人民的利益发生矛盾时，能够更加客观、理性地作出决定。让人始终秉持艰苦奋斗的工作信念，用自己的聪明才智和劳动成果为祖国添彩。

（二）"工匠精神"有利于敬业风尚的形成

"工匠精神"作为一种执着、专注、细致、严谨、追求完美、精益求精的精神，它的培育有利于让人们积极地投入自己的工作，坚持勤奋，继续努力，在要求最好的同时追求更好、帮助人们树立热爱劳动的社会风尚。它具体体现在以下三个方面。

第一，社会不良风气的净化离不开执着、专注、细致、严谨、创新、追求完美、精益求精的"工匠精神"。部分劳动者和企业为了获得更多的利益，开始偷工减料、粗制滥造，破坏了社会秩序，扰乱了社会市场。"工匠精神"作为敬业精神的集中体现，有利于树立劳动敬业新风尚，让更多的人崇尚劳动，热爱工作，将自己的工作做到最好。

第二，"工匠精神"有助于发挥敬业精神社会风尚的重要作用。在"工匠精神"的培育下，人们能够尽自己最大的努力做好自己的本职工作，对待工作认真、负责，执着、专注、细致、严谨，始终用完美的标准来要求自己。

第三，追求进步也是敬业精神中的一部分。面对自己的工作，我们不能够只停留在一个发展层面，而需要通过不断的努力，实现在提升中有进步，在进步中有提升。特别是要求工作者在有效的时间里完成高质量的工作，这样才有利于激发工作者的潜能，不断地取得进步。当社会中拥有越来越多具有"工匠精神"的群体，相信社会敬业精神的气息也会越来越浓。

（三）"工匠精神"有利于诚信风尚的形成

有些产品的质量并未达到要求，但仍然被贴上优秀的标签，而这种虚假宣传的情况正在当今的社会中蔓延开来。随着时代的发展，这种流行趋势没有让企业受益，相反，却让企业受到损失，许多商铺和企业由于缺乏良好的服务和管理，最终面临着关门和破产的命运，也使得消费者的日常生活受到严重的影响。"工匠精神"的培育有利于重建社会中人与人之间的信任，有利于诚实守信风尚的形成，具体体现在以下三个方面。

第一，"工匠精神"是一种执着、专注、细致、严谨、创新，精益求精的工作态度，相信在这些工作理念的传导下，每个秉持这一理念的工作者的工作质量一定能够得到认可。而"匠心"的培育，有利于提高工作者的工作质量，实现工作者对自己的许诺，这是工作者对自己工作负责的一种态度，更是对自己诚信的具体体现。

第二，工作者尽职敬业、日夜辛劳的敬业精神，有助于推动工作者尽自己最大的努力做好自己的工作，生产出价格合理、质量有保证的产品，推动企业的快速发展，这是对企业的诚信。

第三，个人的进步与发展，在推动了企业发展的同时，也为我国实现制造强国的梦想做出了贡献，这是对祖国的诚信，因为个人越努力，国家越强大。而爱国敬业，诚实友善，是祖国对人民的期许。"匠心"的培育使自己离祖国对自己的要求又近了一步，这同样是诚信。所以，是"匠心"让诚实守信的群体更加庞大，他们重视对自己、对工作、对祖国的诚信建设，有利于推动诚实守信社会风尚的形成。

（四）"工匠精神"有利于友善风尚的形成

"工匠精神"的培育，使得人们在工作中既是对手又是朋友，相互分享、相互帮助，有利于友善社会风尚的形成。"匠心"的培育，促进了人们友善良好职业素养的形成，不论是对个人、社会的发展，还是国家的发展都具有一定的作用。

一方面，执着、专注、细致、严谨、精益求精是"工匠精神"的深刻内涵，它在工作中的具体表现是追求完美，这样的工作态度使工作者在工作中对自己有着极高的要求。当具有"工匠精神"的群体越多，会潜移默化地带动身边更多的人去追求精益求精，这样就会减少人们因为粗心、马虎、随意而造成的工作中的摩擦与生活中的冲突。例如，因为工作中的马虎，与同事和上级产生冲突；在市场中买到假冒伪劣产品与店家发生矛盾。

另一方面，在"工匠精神"的指导下，员工可以更好地理解和处理在职场上的竞争，即使两个人之间存在着激烈的竞争，也可以把它看作是朋友，可以在公平竞争的前提下，建立起互信、互惠、互利的合作伙伴关系，以期达到共赢的局面，促使员工在职场上取得更大的成就。

三、"工匠精神"促进个人自我价值的实现

"匠心"以其坚定的信念、深入的思考、极具挑战性的态度、不竭的创造力、对卓越的渴望及不断的超越，帮助我们更好地理解自身的潜能，在不断的挑战中发挥自身的潜力，以达成自身的目标，并获得更大的社会价值。

（一）"匠心"有助于实现个人的职业认同

根据马斯洛需求层次理论，尊重是人类最基本的三种需求之一，

它涵盖了自我认知、自尊、成就感、自信以及对他人的尊重等方面，构成人类最高的需求。每个人都渴望通过尊重他人来获得他人的认可和尊重。特别是在自己能够胜任自己的工作，并且取得一定的成就的时候，更希望获得别人的认可，获得别人对自己的尊重与高度评价。但是，事实并不是那么乐观。"匠心"的培育不但能够帮助人们看清自身的工作价值，为他们赢得尊重，更可以让处于各行各业的工作者对自己有一个正确的认识和定位，实现自己的职业认同。就好像他们每一次认真对待工作，每一次对工作的精益求精，每一次对工作的开拓创新，都是对自己的一次提升。这一过程可能是漫长的，是寂寞的，是默默无闻的。但是一旦工作成果得到大家的认可，他们就会欣慰地觉得一切努力，一切钻研都是值得的，因为他们从大家对自己的认可中获得了肯定和尊重。所以说，"匠心"能够帮助人们实现个人的职业认同，使他们始终坚守在自己的工作岗位上，将自己的工作做好、做精、做细，最终能够在获得自己对这份职业尊重的同时，赢得他人和社会对自己以及自己工作的尊重。

（二）"匠心"有助于提升个人的社会价值

基于马斯洛的需求层次理论，自我实现的需要是前四个需求都得到满足后，追求的最高等级的需要。为了满足这种需要，人们要不断地学习与自己工作相关的知识，提高自己的职业能力和职业素养，完成自己工作的同时，不断地激励自己、突破自己，将自己的工作做到极致，从而实现自己的人生抱负与最高理想，最终实现自己的人生价值。人的价值取决于他们是否能够从社会中获得必要的回报，这种回报可能是来源于他们的内心深处的渴望，也可能是来源于他们的行动，但最终的结果都取决于他们是否能够从中获得真正的成就感。新时代下的"匠心"经过历史的洗礼，充分地吸纳了传统工匠文化中的第一要素，它强调了人的责任感和忠诚，并且注重培养人的道德品质和专业技能。它的出现标志着"匠心"进入一个全新的阶段。因此，"匠心"培育有利于正确引导人们的价值观，激发自己的潜能，在提高人们工作能力的同时，提升人们的职业素养，从而促进个人社会价值的实现。

第三章 中国传统工艺的危机与当下工匠精神的消解

第一节 中国传统工艺面临的时代危机

20世纪80代之初,中国的现代化工业发展水平相对较低。随着改革开放,在社会经济发展的同时,中国现代工业迅猛发展,成为当今世界工业体系最完善的国家之一,而传统工艺则因种种原因不得不面对时代的危机。

一、中国传统工艺的文化教育危机

(一)传统工艺者缺乏文化自觉性

随着科技的发展,传统手工艺的技术经验得到了系统地整理,使得它不再仅仅掌握在少数人手里。传统工艺是心手相合的过程,制作的主体却往往无法完成对经验及文化的记录,那些被记录下来的也大多是由知识分子或者受过教育的人来完成的,其结果是传统手工艺主体缺乏一种文化上的自觉。

(二)现代高等教育的变更

1998年,教育部重新审视"工艺美术"专业,将其从传统工艺和手工艺转变为"艺术设计"。

教育对于国家的发展至关重要,但随着工艺美术学科的不断变化,中国传统工艺的文化传承受到了一定的影响,其主动性和建构性也受到一定的削弱。

二、中国传统工艺的现代文明危机

现代文明所高扬的理性和科学，在人类的整个发展中释放出的惊人生产力。农耕文明时期，人口的增长受战争、灾害、自然死亡等因素的影响，人口与需求保持一种自然平衡状态。现代科学和医学的进步打破了这种平衡，人口急剧增长，以农耕文化手作为特征的手工业难以满足更多的物质生产需求，现代工业机械文明以其产量大、准确度高、批量大生产所带来的廉价性，解决了人口与物质需求的根本矛盾。以传统文化为底蕴的传统手工艺在这样的背景下深陷重围。

"现代的环境和经验直接跨越了一切地理的和民族的、阶级的和国籍的、宗教的和意识形态的界限……所谓现代性，也就是成为一个世界的一部分，在这个世界中，用马克思的话来说：'一切坚固的东西都烟消云散了'。"①随着工业社会的进程，人类与机械的协同合作使得大规模的机械化生产变成经济的核心，从而大幅提升了工业的效率，但也使得人类的进步遭到了限制，从而削弱了自然的神秘感。"工业革命归根结底是一种用技术秩序取代自然秩序的努力，是一种用功能和理性的技术概念置换资源和气候的任意生态分布的努力"②。在古老的农耕文明中，原有的手工制造技术是一种重要的经济活动，它蕴含一个地区悠久的历史、文化、价值观，是一种流芳百世的民俗活动，它的制造技术体现了当地的风土人情，也是一种独具魅力的文化遗存。随着社会的快速发展，原有的价值理念遭到了巨大的挑战，先进的计算机技术为人类带来了史无前例的便利。

三、中国传统工艺面临现代工业技术的挑战

现代工业所依赖的"现代科学和技术是超越性的，即超越了民族、地

---

① 马歇尔·伯曼. 一切坚固的东西都烟消云散了[M]. 徐大建，张辑，译. 北京：商务印书馆，2003.
② 丹尼尔·贝尔. 资本主义的文化矛盾[M]. 赵一凡，蒲隆，任晓晋，译. 上海：三联书店，1989.

域、国家乃至文化圈的界限，科学对客观世界的解释不会因民族和地域的不同而变化，机械化、标准化的技术也常常是全球一统的"①，而传统工艺也可以以一种更加灵活的方式在各个地区得到传播和发展。随着现代普世知识的不断发展，原本被认为是隐藏在前现代传统工艺中的危机也变得越来越明显，从而揭示出一种新的知识形态。

传统手工艺中，设计与制作合二为一，制作者同时也是设计者；现代工业遵循的是"工具理性"原则，体现为节制的、实用的效能主义，以最小的成本换取最大的利益，以效率高的机器代替手工艺这种效率低的生产方式，劳动分工细化，产品的设计与制作过程发生分离，"技术被分解为简单的操作步骤。昔日的工匠被两种新式人物所取代：工程师，主管工作的设计和流程；半熟练工人，他是机器不可缺少的附属物，直到工程师的技术能创造出新机器把他置换掉为止"②。在当今的工业社会，"工具理性"的理念被广泛采用，它强调了节约和实用的效能主义，要求在保证质量的前提下，尽可能地降低成本，使用更先进的技术，而不只依赖简单的操作步骤，从而使得传统的手工技术和现代的工业技术有了很好的结合。

四、中国传统工艺面临传统与现代的审美差异

现代社会的审美观念发生改变，不再局限于传统的手工技术。现代社会更加注重创新，追求更加完善的设计，追求更加精致的制作，追求更加精致的服务。现代文明强调科学和理性，使文化的审美逻辑也遵从这样的原则。传统工艺以手工的生产方式与现代机器博弈的结果，就是其全面遭遇危机。在现代主义以理性为主导的文化结构中，现代将传统割裂的同时，也拒绝了手工艺这种与传统、感性范畴联系紧密的文化；在精英阶层与大众阶层的分化中，对高雅艺术的褒扬更加剧了对传统工艺手工性的贬低，"匠心"在现代文明中逐渐失色；"在现代化的进程中，手工文化无

---

① 万辅彬，韦丹芳，孟振兴. 人类学视野下的传统工艺[M]. 北京：人民出版社，2011.
② 丹尼尔·贝尔. 资本主义的文化矛盾[M]. 赵一凡，蒲隆，任晓晋译. 上海：三联书店，1980.

法自觉转换为以工业文明为主体的城市文化，同样，手工艺原来提供生活需要的性质也变了，如果企望'工艺品实用化，日用品工艺化'，那么，传统工艺在现代的遭遇，必然是尴尬的"①。

五、中国传统工艺面临发展后继无力的危机

（一）原材料获取困难

随着城镇的迅速扩张，以及乡间的气候和土壤的逐渐变化，许多曾经普遍存在的天然资源已经被严重破坏，导致传统的手工艺品的创造和保存受到严重的限制，而且其价格也大幅上涨。随着科学的发展，许多前所未有的新型材料，如塑料、玻璃钢等，正在渗透到社会的每一个角落，甚至超越了原有的天然资源。因此，传统的手工制作也面临着前所未有的考验，从最初的实物产品，到今天的精美的数字艺术作品，都成为不可替代的存在。这种情况表明，传统的手工制造业正在逐渐消失。

（二）市场前景不明朗

现代工业的迅猛崛起，以传统手工艺为基础的产品，虽然仍具备一定的本土特色和文化底蕴，但其占据的市场份额却相对较小，许多未开发的商机也尚未得到充分挖掘。因此，人类的劳动智慧正逐步被机械生产代替，各种各样的商品涌入各个城镇的超级购物中心，为人民的日常生活提供了更多的选择。它们的质量上乘、性能优越，使原本属于传统的手工制作技术受到挑战，而且伴随时光的推移，它们的竞争愈演愈烈。

（三）传承面临后继无人

目前，很多中国传统工艺缺少优秀的接班人，这对中国的传统文化遗产的保护与传承构成了极为严峻的挑战。现代社会传统手工艺受到质疑，而且其制作者也受到了贬抑。此外，随着现代科技的进步和大量的工业产品涌入，一些年轻人对传统手工艺的认可程度越来越低。有些年轻人觉得做传统的手工艺并没有多少报酬，因此不愿从事这些行业，结果造成许多职位空

---

① 杭间. 中国工艺美学史［M］. 北京：人民美术出版社，2007.

缺，并且出现了严峻的老龄化问题。传统的手工技术需要保护，而当前正处于缺少技术的困境中，因此培育技术人才成为当务之急。

第二节　中国工匠精神的当代失落现状及其原因

一、中国工匠精神的当代失落现状

（一）社会认同度较低

中国工人以其勤奋的工作和卓越的技能，帮助国家走向繁荣昌盛，他们的作品被世人所称道，他们的工作被赋予了崇高的意义，他们的技能被世人所尊重和赞赏。改革开放以来，社会结构随之改变，分配制度多元，导致工人的职业光环不再如过去那般耀眼，造成了工匠精神再度弱化。

20世纪90年代后期，"技工荒"的问题开始显现，这种情况在一定程度上阻碍了我国实现制造业强国的目标。"技工荒"问题究其本质就是"工匠荒"，"初期主要表现为高级技术工人的短缺，到后来的十几年则发展成为技工的普遍缺乏，这在很大程度上制约了我国向制造业强国转型的步伐。技工荒最早从珠三角、长三角开始，后逐渐蔓延到内部各省份，中国的制造业相对集中的几个主要经济区域，都出现了不同程度的技工荒。"①

随着科学技术的进步，中国的高端技术人才日益紧张，青年技工的缺口一直很大。

（二）报酬普遍偏低

近几年来，技术工人的收入大幅提升，但仅限于少数高级技术工种，大多数普通技术工人的收入水平仍未达到期望的标准。面对如此复杂的环境，技工们很难维持对岗位的热情，因此许多人不得不放弃现有的职业，

---

① 工业和信息化部工业文化发展中心. 工匠精神：中国制造品质之魂 [M]. 北京：人民出版社，2016.

第三章 中国传统工艺的危机与当下工匠精神的消解

转而从事其他更有前景的职业。

许多传统的手工业工匠面临着严峻的挑战，他们的传统技艺因为工序复杂、市场狭窄、收益较低等原因而难以维持。他们的技艺学习过程非常困难，学习周期相对较长，学习成本也比较高。随着社会需求的减少，许多传统工匠不得不改行，或者用他们的技艺去满足人们的低层次需求。这些困难使得许多传统的手工业技艺难以维持，甚至面临着"后继无人"的危机。

（三）培养体系存在缺陷

当今，工匠培养体系主要分为两种，分别是传统的艺徒制和学校教育。古代的艺徒制注重传授技艺，通过口头传授和实践操作，使徒弟能够更好地理解和掌握技术，但也存在着一定的局限性，即传授的技艺往往只是经验性的，缺乏系统地提炼和总结。许多中国的手工技艺在过去的几百年里通过师徒之间的一对一传授得以流传，但由于缺乏记录其制作过程的文献资料，这种传授方式相对封闭，使得它们的普及和推广变得更加困难。

相比之下，学校的教育更加侧重于教学，更加强调理论性和成绩。尽管学校教育的优势在于其系统性和高效性，但它忽略了实践性，缺乏让学生掌握实际技术的机会，导致毕业时部分学生无法胜任实际的工作，并且企业也不愿投入更多的时间和资源进行专门的培训，从而降低了他们的就业机会。随着教育事业的发展，许多学校已经开始注重培养学生的创新精神和实践技能，并且开设了更加丰富的社会实践活动，如劳动技术、创新创意、实践技术、创新技术等，以更好地满足社会的需求。过去几十年里，许多职业院校、培训机构已经改制、整合，变为一所多元化的综合性大学，而这些机构仍然偏向于获取短暂的经济利润，在一定程度上忽视了对教育质量的持续改善。

通过将传统艺徒制和现代职业教育两者优势的有机融合，可以更好地发挥它们的潜力，从而提升工匠培养的质量。因此，构建一个能够有效融合理论与实践的完整体系，是培养优秀工匠的关键，也是当前我们必须解决的重要课题。

二、中国工匠精神的当代失落的原因

（一）"重道轻技"的传统观念

中国古代将传统工艺视为工具，"重道轻技"的传统观念更是将手工艺逐渐推向了文化、思想的边缘地带。"在过去的中国历史文化中，手工艺的地位及作用并不明晰，似乎与历史文化没有太大关系。原因之一，就是中国历史上的史官及文人都曾经受到经学传统的熏陶，他们信奉的是'形而上谓之道，形而下谓之器'之说，对于社会生活中的手工艺产品多不屑一顾，偶尔记上一笔，也是以此来说明其他，或是趣味猎奇。"①《考工记》云："知者创物，巧者述之，守之世，谓之工，百工之事，皆圣人之作也。"这段话中有两个重要角色——知者和巧者。知者，是造物的创造者和设计者，而巧者则是造物的制作者。在造物的过程中，重要的是知者，其次才是巧者。在造物的协同关系中，首先和最终肯定的也是智者造物的创造力。同时，巧者所赖以依存的技艺与主流士大夫文化崇尚的审美相左。所谓"巧"往往与"淫巧""机巧"等同，这种文化价值观上的鄙视，"智者造物""重道轻技"的思想贯穿中国造物思想的始终。在中国传统社会文化价值观中，传统工艺被牢牢捆绑在技术工具的角色中，手工艺更多被视为手法，作为文化的副产品——装饰与点缀，而不具有本质性的精神力度，其主要的目的是满足日常生活需要。少数手工艺品被赋予了特殊的意义，有些是因为它们的高昂价格和精湛的制作技术，被用来展示社会地位；而另一些则是因为它们具有独特的文化和审美价值，被士大夫和文人们珍视和收藏，成为士大夫、文人的把玩之物。

随着时代的发展，越来越多的人开始认识到，手工技艺和制作技术的重要性，并且开始认可那些工匠。

（二）客观环境的制约

由于外部条件限制，中国传统文化中对于工匠精神的认可受到了严峻挑战。当前，经济迅猛增长，工业生产能力大幅度提高，人民生活水平显

---

① 徐艺乙. 手工艺的文化与历史[M]. 上海：上海文化出版社，2016.

著提升，社会财富日趋充裕，然而这种迅猛增长带给人类更多压力，他们更加注重满足自身需求，从而忽视了对于传统文化中工匠精神的尊崇。随着科技的飞速进步，许多企业无法抵抗迅猛的市场竞争，从而导致部分企业为了追求短期收入而忽略了产品质量。

虽然一些优秀的企业致力于提高产品的质量，并且通过不断努力来提高自身的价值，从而取得优秀的行业成绩。但大多数企业，特别是中小企业，仍然偏重于快节奏的生产，没能真正关注产品的质量。俗话说"欲速则不达"，只追求速度，没有对质量和品质的坚守，没有精益求精、全心全意的工匠之心，制造强国的发展之路也就很难实现。只有把握好每个环节，每个环节都达到极限，才能让我们的国家走上强大的道路。历史告诉我们，虽然低劣的产品可能带来暂时的收入，却无法持久地获得成功。其他一些国家的成功，充分证明了工匠精神在推动制造业的进步与崛起中扮演的关键角色。中国若想从"制造大国"变成"制造强国"，不仅要依赖先进的科技，而且离不开无数辛勤劳动者的不懈努力。中华民族的传统中，工匠精神源远流长，它的复兴与继承为中华民族的经济社会进步起到了一定的支撑，必将推动和促进制造业的升级转型和进一步发展。

（三）大众对工匠精神的误解

近几年，工匠精神受到党中央的高度重视，引发了全民对其深入的研究和探索。《大国工匠》《我在故宫修文物》等影视作品的播出，让许多曾经被忽视的能工巧匠重新被认可，成为全国关注的焦点。尽管许多人都有所耳闻，但他们仍未能充分领悟到工匠精神的深刻含义，而且一些媒体的偏见解读，也导致了大众对工匠精神的认知存在许多偏差。

一部分人把工匠精神视作一成不变的定论，他们把铁杵磨成针的理念当作一成不变的信念，而忽略了与时俱进、不断创新的重要性。当今社会，跟上时代步伐、勇于革新的理念正成为当今的主流。当只靠传统工艺无法满足当今市场期望的时候，工匠应该积极探索创新，根据社会的进步、消费者的需要更新自己的产品，以满足市场的变化和客户的期望，实现技术的升级和创新。"老字号"代表的并非过去，而是当下的一种文化。它体现了当代人的智慧，他们秉承着古老的技艺，勇于探索，勇于挑战,勇于革新,以此来推动当代的发展。

有些人把工匠的精神理解成勤奋刻苦,把它理解成把产品做成艺术,把质量放在首位。然而,他们没能意识到,技术与工艺的发展对于整个制造业来说至关重要,它们的发展才能让整个制造业取得成功。如今,随着科技的飞速进步,拥有先进的技术与工艺已经成了获得高质量产品的必备因素。因此,我们应该秉承勤劳致富的理念,勤奋地研究、探索,以及运用先进的技术与工艺,以达到最佳的效果。

虽然有些人把工匠精神局限于某一特定的行业,如手工制作,或者只针对国家发展的重要环节,如火箭和高铁。事实上,今天的"匠"已经不再局限于木工,而是指拥有精湛技艺、勤奋努力、德行高尚的人。不管从事哪个行业,只要能够坚持工匠精神,把自己的工作做到极致,就能够体现出专业能力和职业素养。工匠精神不仅是一种技能,还是一种责任感,应当得到全社会的认可和传承。

第四章　中国传统工艺与工匠精神保护、发展与传承研究

第一节　对传统工艺的知识产权保护

一、国际组织关于传统工艺的法律保护现状

尽管目前尚未有国家能够完全保护和发展传统工艺，但它们仍然是文化遗产的重要组成部分，因此应当受到法律的保护。

（一）联合国教科文组织的法律保护

联合国教科文组织是联合国系统内唯一负有文化使命的国际组织，担负着保护和促进文化多样性的职责，制定并通过了一系列保护文化遗产的国际法律文件。为此，它颁布实施的《保护非物质文化遗产公约》，旨在确立文明的可持续性，更好地保存、展示、维持、发展各种文化形式，以及更加全面地实施文明的发展。如《保护非物质文化遗产公约》在第一章点明了宗旨，明晰了"非物质文化遗产"和"保护"的定义。"保护"，即为确保非物质文化遗产生命力而采取的各种措施，包括该遗产各个方面的确认、立档、研究、保存、保护、宣传、弘扬、传承（特别是通过正规和非正规教育）和振兴，来实现"保存"的目标，以期让"保存"的理念得到更好的实现。《保护非物质文化遗产公约》第三章详细阐述了如何采取有效的行动来维护这些珍贵的资源，包括制定相关的清单、实行有效的保护措施、开展有效的教育、宣传及鼓励公众的积极性。

2006年4月，《保护非物质文化遗产公约》正式生效，为全球范围内的非物质文化遗产的保存和传承带来了深远的意义。时任联合国教科文组织总干事的松浦晃一郎表示："《保护非物质文化遗产公约》在获得大会通

过仅30个月后就生效了,这表明各成员国对保护文化多样性和人类创造性的高度关注。现代生活方式和全球化进程大大削弱了各种承继传统的鲜活文化。这一新文书为这些文化提供了恰当的保护手段,从而填补了一个重大的司法空白。"联合国教科文组织的非物质文化遗产的保护措施大多以行政方面为重点,但它也明确指出,应当采取有效的措施来确保文化传承的合理性和有效性。

（二）世界知识产权组织的保护

2000年,世界知识产权组织正式宣布建立一个专门负责维护传统知识、文化遗产及公众权益的机构,以此来促进全球共同发展。这个机构旨在确保所有这类财富都能得到充分尊重,并且不断举办各种活动,以便更好地维护这类财富,促进全球共同发展,实现共同繁荣。《传统知识的现有知识产权保护概况》不仅可以作为参考,而且可以帮助各个缔约国更好地实施其保护措施,从而更加全面地反映出当前的情况。《传统知识保护：目标和原则》是一部旨在维护传统知识的重要文件,它提出16项具体的政策目标,10项基本原则,以及11项重点规定。这些规定旨在防范滥用、遵守事先知情同意的原则,并确保知识的共享,同时也规定了一些特殊情况的处理措施。

（三）世界贸易组织的保护

1994年,世界贸易组织通过《与贸易有关的知识产权协定》（简称"TRIPs"),以促进贸易发展。1999年,许多国家提出建立特殊机制以保护传统知识和文化,但这一提议并未得到实施。2001年,世界贸易组织第四届部长级会议在多哈宣言中提出了一系列谈判议题,保护传统知识,以维护文化多样性和可持续发展。这标志着传统知识保护已经成为世界贸易组织的主要任务之一,并将其纳入其日常工作计划之中。

二、我国关于传统工艺的立法及主要问题

（一）立法概况

1. 《传统工艺美术保护条例》

1997年5月20日,中华人民共和国国务院发布《传统工艺美术保护条

例》，旨在将政府的支持和企业的自愿性有机地融入文化遗产的保护之中，为保护我国传统工艺美术品种、技艺及人才提供了法律依据。

一方面，该条例通过实行传统工艺美术品种和技艺认定制度、命名中国工艺美术珍品、授予中国工艺美术大师称号等，在一定程度上保护了一大批传统工艺美术品种和技艺。

另一方面，这项条款还给传统手工艺品带来了新的保障机会。第十八条还强调，国家对在继承、保护、发展传统工艺美术事业中做出突出贡献的单位和个人，给予奖励。

2.《中华人民共和国非物质文化遗产法》

《中华人民共和国非物质文化遗产法》于2011年6月1日开始实施，设立了非物质文化遗产保护的3项重要制度，分别是调查制度、代表性项目名录制度、传承与传播制度。

（1）调查制度

文化主管部门应全面了解非物质文化遗产的有关情况，建设非物质文化遗产档案及相关数据库。

（2）代表性项目名录制度

这是我国的一项较为特殊的制度，也被国际社会视作一种独一无二的、极富参考意义的方式，它不仅能够更好地指导和推动传统文化的发展，而且也能够帮助当地的居民和游客了解和传承传统的文化。随着时代的发展，我国现在拥有完善的四级非物质文化遗产保护机制。

（3）传承与传播制度

这也是非物质文化遗产保护的一项重要制度。非物质文化遗产以"传承"为核心，该法把"传承人"的保护放在首要位置。该法规定了代表性传承人的审定程序和保护措施，同时明确了代表性传承人应当履行的义务，规定非物质文化遗产传承人若不认真履行传承和培养后继人才等义务，文化主管部门可取消其代表性传承人资格，重新认定该项目新的代表性传承人。

《中华人民共和国非物质文化遗产法》的出台为中华民族的传统技能和非物质文化遗产的发展提供了强有力的支撑，具有深远的影响力。

3. 其他相关法律法规与规章

《中华人民共和国著作权法》把民间文学艺术作品（包括民间传统手工艺作品）的著作权保护纳入其中，其中第六条规定："民间文学艺术作品的著作权保护办法由国务院另行规定。"2021年，国家版权局《版权工作"十四五"规划》的出台，提出要及时制定民间文学艺术作品著作权保护条例，以推动中华优秀传统文化创造性转化、创新性发展，从而促进中华优良的传统文化的创新和发扬光大。

《景德镇陶瓷知识产权保护办法》被认为是我国第一部，也是目前唯一的一部针对维护景德镇陶瓷制作技术的法律法规，它旨在确保景德镇陶瓷的著作权、商标权、发明权、原产地权、文化遗产权及反垄断权的有效实施，以促进景德镇陶瓷的可持续发展。《景德镇陶瓷知识产权保护办法》的出台，极大促进了景德镇陶瓷的发展，同时也为当今各省市及更多的城市和行业的传统文化创新和发展提供了宝贵的参考和借鉴。

（二）主要问题

1. 主要依靠行政措施来保护公民的权利，而私人权利的保护则相对欠缺

随着时代的发展，中华民族的非物质文化遗产的立法保护已经发生了一定的改变，由单一的公法保护转变成综合考虑个人利益的双重制度。尤其是中华民族的文化传统手工业，其受到的法律约束更加严格，不只局限于政府的管理，而且还包括组织的参与，更加注重个人的自觉维权，更加重视社会的责任感。虽然《中国非物质文化遗产法》为中国传统手工业等非物质文化遗产的私人权利保障提供了有力的支持，但是它的立法却相对缺乏明确的指导。因此，为了更好地实现《中国非物质文化遗产法》的目标，必须加强对传统手工艺及其他非物质文化遗产的私权保护，以确保它们的有效实施。

2. 立法零散且位阶不高

传统手工艺保护立法零散、科目纷繁复杂、缺乏专门保护传统手工艺的立法。虽然《传统工艺美术保护条例》为传统手工艺中的传统工艺美术提供保护，但是它并不能全面地保护传统手工艺；虽然《中华人民共和国非物质文化遗产法》能为传统手工艺提供全面整体的保护，但是因非物质

文化遗产范围广泛，导致其在保护传统手工艺方面缺乏针对性。

3. 缺乏有效的激励和监督机制

当前，为了更好地维护传统手工艺，我国已经制定了一系列的行政管理规定，包括相应的地域性规定，以便更好地控制和维护这些非物质文化遗产。此外，还建立起一套完善的传承人体系，以便更好地发掘、培育、激励这些优秀的传承者。尽管现行的立法已经为传统手工艺的发展提供了一定的支持，但是由于没有相对足够的奖惩措施，无法让传承者、公众、社团等自发地积极参与传统手工艺的发展之中。

4. 国内保护水平不一

随着经济的快速增长，许多地方都加强了对传统手工艺的保护，采取了多种措施，如收集、整理、存档、建立数据库，以及积极的宣传教育。但是，由于缺乏足够的资源，在一定程度上阻碍了传统手工艺的可持续发展。

尽管目前尚未形成全面而系统的法律框架来保障和维护中华民族的传统文化，但是通过加强对民间文化的尊重和维护，以及加强对民间文化的研究，可以为中华民族的文化遗产的传承和发展提供更加全面的支持。

三、构建我国传统工艺知识产权保护体系的建议

（一）专利保护制度

《中华人民共和国专利法》和"三性原则"都明确指出，只有具备新颖性、创造性和实用性的技术方案，才有资格享受专利保护，这也使《中华人民共和国专利法》成了一种有效的知识产权保护机制，其有效性和可靠性也受到了极大的认可。但是传统工艺的制作者往往是群体，其制作者的具体来源不易明确，并且许多作品都是未经正规认证的，从而导致它们大多数时候不能够达到申请专利的标准。因此，为了维护其所具备的传统技能，制作者及其继承者面临着许多挑战。因为传统手工艺的申请受到了一定的限制，所以我们应该采取更多的措施，如实施有效的专利政策，加强对这些领域的监管，确保它们能够被有效地发展和维护。

1. 降低"新颖性"标准及简化申请程序

当一项工艺提出申请获得专利授权，必须经过严格的新颖性评估。按照国家知识产权局《专利审查指南》的标准，"处于保密状态的技术内容不属于现有技术。所谓保密状态，不仅包括受保密规定或协议约束的情形，还包括社会观念或者商业习惯上被认为应当承担保密义务的情形，即默契保密的情形"。这种情况可能是由于它们与外部知识隔绝，并且在某些特殊的场合下，它们处在保密的阶段。鉴于传统手工艺的独特之处，有必要拓展其可持续发展的可能，而非只把它们作为一种拒绝其创造力的理由，可以通过更加开明的方式来推广、展示、宣扬、保护、发展传统手工艺。

2. 设置来源地披露和事先告知同意制度

通过采用来源地披露和事前告知同意的措施，可以更好地保护传统工艺。这一措施旨在让传统工艺的产品能够被更多的消费者所接受。为了维护传统手工艺的原汁原味，以及维持其历史文化的完整性，在申请专利保护的过程中，不仅需要清楚表达其原始来源，还需要提交充足的证据，以及其他可靠的文件，以便让更多的受众可以参与到传统手工艺的研究、制作、维修等过程中，从而更好地维护其历史文化的完整性，更好地实现其价值，进而让更多的人可以从中受益。

3. 建立传统工艺数据库

传统工艺往往因相对缺乏新颖性、创造性难以获得专利法的正面保护，而建立传统工艺数据库的目的在于从侧面尽量避免对他人不当专利的授予。从世界各国的专利审查情况来看，相关机构在审查专利申请的新颖性和创造性时，主要通过检索国内外公开文献来完成的。因此，按照一定的分类规则把传统手工艺文献化、数字化、网络化，建立易于检索的数据库就显得十分必要。世界上许多国家已经就传统知识文献化的重要性达成共识，在已经建成的传统知识数据库中，印度的传统知识数字图书馆和中国的中药专利数据库检索系统比较知名。中国中药专利数据库系统在物理上分三个组成部分，即中药专利题录数据库、中药专利方剂数据库和中药材词典数据库。其中，中药专利题录数据库和中药专利方剂数据库是该检索系统的核心部分，它们提供中药专利信息和中药方剂信息的检索和显示，在信息检索上，这两个数据库可以分别检索，但在信息显示上合并显示。通过使用中药材词典数据库，我们可以快速、准确地搜索多种中药材，并且可以将其转换为中药专利题录和中药方剂数据库，这样就可以有效地提升专利信息的检索效率，同时也有效地解决了中药名称不规范而带来的搜索困难。

尽管建立数据库的尝试仍仅限于传统医药和遗传资源领域，但是由于传统手工艺的特性，它们仍然具有很大的价值，因此我们可以从中获得有价值的信息，从而更好地利用传统手工艺和其他传统知识。然而，建立传统工艺技术数据库也存在一定的风险，因为它们可能会将一些处于保密状态的传统手工艺公之于众，因此为了确保信息的安全，我们可以采取分类登记的方式，以确保信息的安全性，并且有效地保护传统手工艺的秘密。对于已经被公众认可的传统手工艺，应当进行登记，以便公众可以查阅；而对于未被公众认可的，除非法律有明确的规定，否则将不予公开。

（二）商标保护制度

随着时代的进步，商标已经成为一种文化象征，它们的存在为传统的手工业提供了强大的支撑，使它们能够在市场上脱颖而出，并且能够被确认为真正的文化。通过建立完善的商标法律，既要尊重和维护传统的文化，又要充分利用它们的经济效益，以此来促进社会的进步。此外，还要努力解决传统手工艺的法律问题，以期达到最佳的保护效果。

1. 保护传统手工艺拥有者的商标所有权，以防止其他人侵犯其知识产权

为了确保传统技术能够被充分利用，政府应该采取一些改革措施，包括建立一个审查机构，审查是否允许非法企业未经授权的技术和产品被注册，并实施一种审查机制，以确定是否允许非法企业的技术和产品被授权。针对"在先权利"规定，应当对任何与"在先权利"规定无关的标记，包括但不限于与"在先权利"规定无关的、容易被混淆的、会对"在先权利"规定产生负面影响的标记，应当被禁止被申请成为"在先权利"规定的商标。此外，应当对"在先权利"规定的禁止的标记，如民族词汇、肖像、图案、造型等，进行严格的审核，确定是否被允许被申请成功。

2. 完善商标制度中的地理标志保护体系，提升地理标志保护传统手工艺的地位和效力

现行的地理标志管理机构尚未能充分发挥出它们的作用，因而建立一套全面的、有效的、科学的地理标志管理机制显得尤为重要。为此，应当采取一些措施：①拓宽对传统手工艺的保护范围，并将这些技术与现代技术相结合，实现有效的保护。随着地理标记系统的不断改进，我们有必要拓展它的覆盖范围，以便更好地保护传统的手工技术及它的相关元素。②明确传统手工艺地理标志的权利主体。为了更好地实现这一目标，我们需要建立一个有效的法律框架，以便将这些技术的相关知识转化为具有法律效力的商业信息。如果尚无法成功组织一个专业的集体管理机构，那么有必要让当地的政府部门担任这一传统文化的代言人，负责维护和保护这一文化的独有性。③建立真正私权意义上的地理标志权，实现传统手工艺的经济价值。通过这种方式有望在法律和道德层面确保这一文化的独有性和经济价值。由于商标的内涵与功能，它们只能作为补充，而不是主导。因此，除了集体商标和证明商标，还可以让那些代表着某一特定社区的社会组织或个人的组织，通过提供传统的技术、文化等资源来获得地理标志的认可，从而使其成为一种独立的个人财产。

（三）著作权保护制度

著作权的核心目的是保护那些将传统技艺转化为现代产品的人的权益。因此，在制定和实施保护传统技术的政策时，应该特别关注如何在保护原创者和使用者之间取得平衡。

1. 著作权保护制度中确认传统工艺保有群体的精神利益

使用传统工艺母体进行再创作的，在重新制造过程中，必须清楚地说明使用的原始技术的来源，禁止对其中的元素进行扭曲、破坏。这些技术代表了某个民族或地区的独特风貌，包括其日常生活、思维模式、宗教观念等，它们对于保护这些文化遗产具有重大意义。若任何一方未经著作权法的许可，擅自破坏或者侵犯传统工艺的原貌，这种行为无疑是严重的侵犯著作权的行为，它既破坏了当地的社区精神，又破坏了当地的社会秩序，甚至在一定程度上影响了当地民众的心理健康，因此《中华人民共和

国著作权法》应当加强对这类行为的监管，并采取必要的措施来防范这种行为。

2. 适当调整传统工艺保有群体与利用人之间的经济利益关系

根据《图书、期刊版权保护试行条例》和《图书、期刊版权保护试行条例实施细则》的有关规定，调整了民间传统作品保有人、传承人与整理人之间的人身关系和财产关系。虽然《中华人民共和国著作权法》没有沿用这种立法，但可以将"整理"民间传统作品所形成的新的衍生作品纳入《中华人民共和国著作权法》演绎作品著作权保护中。因此，在调整传统工艺保有人与整理人之间的利益时，可参考原有的立法精神，在相关法案中增加相应规定。

（四）反不正当竞争保护制度

传统的手工技能源自数千年的历史，它们汇集了人类的智慧与技能。如今，随着社会的进步，这些技能的商业价值日益凸显，并且已成为促进经济增长的主要因素之一。随着传统手工艺的商业化，许多新兴的行业也随之诞生，如工艺制作、旅行、出版、影视制作。不同于其他行业，这些行业的发展必须符合市场经济的基本原理，即以诚实守信、公正合理的方式进行。《中华人民共和国反不正当竞争法》阻止任何形式的欺诈和滥用，以维护和发扬我国的传统文化和技术。《中华人民共和国反不正当竞争法》的实施，包括打击伪造、篡改、盗窃和其他形式的不当竞争，旨在维护和发扬我国的文化和技术，同时也是一种重视和尊重传统文化的重要举措。

1. 传统手工艺的特有标志保护

《中华人民共和国反不正当竞争法》第六条明文规定，"经营者不得擅自使用与他人有一定影响的商品名称、包装、装潢等相同或者近似的标识；擅自使用他人有一定影响的企业名称（包括简称、字号等）、社会组织名称（包括简称等）、姓名（包括笔名、艺名、译名等）；擅自使用他人有一定影响的域名主体部分、网站名称、网页等；其他足以引人误认为是他人商品或者与他人存在特定联系的混淆行为。"因此，经营者应当遵守《中华人民共和国反不正当竞争法》的明文规定，确保其产品销售的独特性。通过将特有的识别性标记授予制造商,可以让他们拥有专属的特殊利益。随着时间的推移,传统的手工制作方式已被几代人所延续,它们所带来的不只有技能、知识,还有一种被普遍接受的价值观。因此,可以将它们看作一种著名的文化遗产。随着时代的进步,传统的手工技术的商业化进程日益加快,它们的经济效益也日益凸显,许多相关的生产和服务都是由拥有者和继承者多年的努力维持,获得的良好的口碑与市场份额。中华民族的历史悠久,许多著名的老字号企业都源自一种特殊的文化,他们以自己的技术、产品及丰富的历史,赢得了全民的尊重,并且在市场上享有极高的声望,他们的声望无可置疑。在这些老字号企业中有很大一部分是没有进行过商标注册的,对于那些没有进行商标注册的老字号,通过反不正当竞争保护中的"知名商品特有名称、包装或装潢"进行保护是相对较好的保护途径。

2. 对虚假信息、虚假宣传的规制

随着计算机的进步,许多传统的手工技能受到越来越多的挑战,他们的技术也受到了质疑,甚至出现了被伪造的现象。

随着社会的发展,一些人开始使用虚构的信息和标题。例如,在贵州省以外生产的蜡染产品也宣称"贵州蜡染",在云南丽江用机器生产的纸张、书本等被当作手工东巴纸制品来卖。这些虚构的产品描述和广告宣传,既破坏了消费者的权益,又在一定程度上危及了传统手工艺继承人的声誉,如果持续下去,必然会对传统文化造成毁灭性的影响。因此,我们必须采取措施,坚决打击和惩治传统文化的欺诈和欺诈。《中华人民共和国反不正当竞争法》第五条和第九条规定,商家不能弄虚作假或冒用质量认证标识、名优标识等质量标识,编造产品,或是使用广告宣传或其他方法,对产品的服务质量、制造成分、特性、主要用途、生产商、有效期限、产品等进行虚假宣传,以免引起消费群体的误会。《中华人民共和国消费者权益保障法》《中华人民共和国药品管理法》《中华人民共和国广告法》及《中国消费者权益保护法规》,均明确要求,任何形式的虚假宣传均将被严厉打击。

3. 商业机密保护

据研究人员指出,"商业秘密既可以作为传统住民不愿就其具有专利

第四章 中国传统工艺与工匠精神保护、发展与传承研究

性的知识申请专利的一种替代选择,也可以作为传统住民对其虽有价值但不具备可专利性的知识进行保护的一种方式,尤其是对于那些只在传统部族内部公开、仅由少数人掌握的知识更为适合"[①]。

TRIPs协议明确提出,商业机密包括未被外界发现的、可以给予相关方带来可观收入的、可以被使用的、可以被正确理解的、可以被正确使用的、可以被正确使用的技术、产品或服务的信息。此外,该机密还应当由拥有者负责,以确保它们的安全及它们的可靠性。总的来说,任何具有重大意义的技术、经营、管理等内容,都应该受到严格的商业机密的管理。尤其是对于传统的手工制作,其中的机密更应该受到严格的管理,从而确保其安全。尽管许多古老的工匠和手工艺品,如雕塑、陶瓷、木材加工、纺纱、刺绣和造纸,都以它们特有的风貌和精巧的工艺闻名于世,但它们的生产流程、工具的选择和操作方法,却很少受到普遍的关注和认可。

随着社会的发展,许多历史悠久的中华文化遗产也正被越来越多的科学家们所重视,他们不仅致力于将中华优秀传统文化的精髓融入现代"商业秘密"的理论,而且还努力将中华优秀传统文化的精髓融入现代科学的发展中,他们更加重视文化遗产的保存,努力将文化遗产的精髓也融入现代科学的发展中,为社会发展作出贡献。由于一些人没有将其独特的手工技能作为私人财富,而是以友善的态度将其公之于众,使得许多珍贵的传统文化遗产无法得到完整的保护,也因此使得许多珍贵的文化遗产无法被完整地传播到世界各地。因此,我们必须加强对传统文化遗产的保护,并且加强对其的管控,以确保其可持续的繁荣。一种新的说法是我们应该努力提高公众对传统工艺、技巧、原材料的重视,并鼓励它们的继承者继续使用。这样,我们就能够确保这些珍贵的工艺、技术、原材料的安全性,并且能够提高我们的市场份额。为了确保商业机密的安全,我们应该采取一系列措施,包括编写机密文件,签署机密合同,严格控制机密人员的权限,并且构筑一套严格的机密体系。为了确保企业的安全,我们建议把关键的资料,包括档案、文件、图纸,都交给专门的人来处理。这样,就不

[①] 蒲莉. 遗传资源与相关传统知识的民法保护研究[M]. 北京:人民法院出版社,2009.

会被任何非法分子通过非法渠道，如偷窃、贿赂或威吓。此外，我们还建议对所有与企业相关的个体进行严格的监控，并对所有的员工实行严格的安全措施。通过增强对保密的认知，大力推进对传统手工技术的商业机会的保护，可以有效地阻止中华民族珍贵的历史文脉的消亡。

第二节　基于文化视角的工匠精神传承策略

一、从文化资源角度培育

（一）中国传统文化资源

1. "敬业"

"敬业"作为社会主义核心价值观个人层面对于工作所提出的要求，对于个人而言是最基本的工作态度和行为方式。敬业代表了从业人员全身心投入的工作状态，对于本职工作严格要求自己的精神状态。从"敬业乐群"到"忠于职守"古人用毕生精力诠释着工匠精神。敬业精神不仅是中华文明发展史上不可或缺的组成部分，更是中华民族优秀品质形成和发展的重要源泉。古往今来，对于工作所秉持的态度就是"敬业"二字。

2. "精益"

精益就是精益求精，匠人对于自己的每件产品、每一道工序都要专注，将每一个细节都做到极致，每一件成品都代表了匠人的最高水平。精益求精不只是重复，更是一种创新，不断改进技艺，不断满足顾客新的需求，从而达到一种完美。正如老子所说，"天下大事，必作于细"。

3. "专注"

专注是一种极具挑战性的能力，它需要极大的耐心和毅力，以及对细节的深入理解。从中外实践经验来看，工匠精神就是一种坚持不懈的毅力，一旦选择了某一行业，就会全力以赴，不断地探索，努力把握每一个细节，以便更好地掌握整个流程。

（二）中国传统的工匠制度

古代"中国制造"作为中华优秀传统文化的代表，在世界都是高品质的代表，在西方宫廷都是身份的代表。出土的器皿、瓷器代表了当时最先进的技术水平。如此辉煌的历史，背后除了匠人自身对于艺术的追求，更来自官府严格的法律和制度的实施。

工匠实名制是东周时期最具代表性的制度之一，它以严格的标准来规范生产，从而培养出大批拥有超凡技艺的匠人，他们不仅将自己的经验传授给后辈，还教导他们如何做人做事，以及如何不断追求卓越，将匠人精神传承至今。当今社会，工匠精神受到越来越多的重视，它不仅是一种意识形态，还是一种基础性的价值观，它能够极大地提升国民的素养水平。

1. 工匠实名制度孕育工匠精神

通过设置工匠实名的政策，可以让所有生产过程中的参与者，包括制作商、检验师、维修师等，与他们的技能、经验、能力等紧密结合，形成一种责任感，既可以评估生产商的表现，又可以促进政府的监督与管控，进而推动全社会的生产效率，并且培养出更多的专业技术人才。

2. 设置专门岗位实施精细化管理

中国古代的工匠实名制不仅是在产品上刻有他们的名字，而且还设立了"百官"这一特殊的职位，负责对所有的产品进行严格的检验，从而使得古代的官府建筑和手工行业得以发展壮大。秦朝是中国历史上首个实施精细化管理的朝代，为了确保官员的工作表现，政府制定了严格的考核标准，以确保其能够有效地完成各项任务。

3. 工匠实名制演化为品牌

随着时代的发展，工匠实名制已经从原本的监督产品质量转变为对产品品质的追求，并且发展成为一种品牌形象，消费者对企业的信任也随之提升，而企业的满意度最终取决于其生产的商品。如"同仁堂"等品牌已经成为百年历史的象征，代表着企业的质量。

（三）营造优秀的企业文化

1. 重视对员工的人文关怀

首先，为了提高企业的效率和效果，应该努力增强同事之间的交流和了解，并培养其形成良好的协调能力。其次，要对于困难员工给予及时的关心与帮助，避免产生冲突，并为那些遇到问题的同事提供支持和帮助，让大家都能够顺利完成任务。再次，要给员工提供各种学习和培训的机会，提升其竞争能力。最后，企业要给员工营造良好的工作环境，改善员工的生活条件，建立良好的上下级关系。

2. 开展工匠精神培训教育

第一，坚持从公民道德建设入手。结合社会主义核心价值观的要求，大力倡导"精益求精、爱岗敬业、追求极致"的工匠精神，使员工形成务实的工作作风、创新的工作意识、合作的团队精神和不断进取的精神风貌，每年对企业员工进行工匠精神的培育，提升对于工匠精神内涵的理解程度并使之制度化。

第二，坚持以榜样的力量来引导员工，除了定期对具有工匠精神的个人团体进行表彰和奖励外，还要积极宣传优秀的个人事迹，并定期对每位员工进行年度考核，以此来激励他们不断追求卓越。让工匠精神成为每个员工的职业目标和行动准则。

第三，加强思想教育工作。工匠精神属于意识形态的范畴，企业要从党组织到工会，不断加强工匠精神的思想政治教育，形成全方位、多领域的思想政治教育格局。企业营造积极向上的氛围，并感染员工，使匠人精神成为一种自觉。

二、从文化产业角度培育

（一）加强线下实地宣传

从社会角度出发，要充分发挥社区作用。应该采取多种措施，包括通过设置公共场所，如在广播站、楼道口悬挂具有良好品质的工匠精神的标志性人物的海报；邀请当地居民参与其中，播放相关的视频和资料；在户外设置宣传长廊，以多种形式向广大群众展示具体的工匠精神，让他们深刻体验到工匠的真谛。为了让更多的人了解工匠精神，将在社区的活动室里展示各种关于这一领域的图片、杂志及相关的资料，并且给予社区成员正确的教育，以便让他们更好地了解工匠精神。

从学校角度出发，要在学校举办各种宣传活动。通过学校的宣传栏、校园报纸和学校广播去讲解工匠精神对于个人和社会的重要意义，鼓励师生向优秀的匠人学习，将工匠精神融入日常教学与实践活动中。学校可以组织学生参观知名企业，在参观的过程中体会工匠精神，树立崇高的职业理想。充分发挥社团的作用，鼓励学生建立相关社团向全校学生宣传工匠精神，为研究、讨论和实践工匠精神提供学习和交流的机会。

（二）运用媒体网络途径

通过运用互联网技术，可以大力宣传工匠精神，并在各种平台上进行推广。例如，可以在电台、杂志、互联网上推送有关这一理念的公益广告，让更多的人了解并认识这一理念。此外，著名的媒体也可以通过其影响力来指导公民的职业道德与价值取向，让更多的人重视这一理念。为了提高大众对工匠精神的认识，可以通过社交平台来推广相关内容，并且通过拍摄专业的影像资料来提升大众对它的认识。此外，还应该让主流媒体采访并报道那些勤劳又有才华的匠人。

三、从国民素质角度培育

（一）加强企业同学校联合教育

1. 校企联合教学

通过将学习成果转换成现实应用，帮助学生更好地掌握现代技术。在此过程中，校企联合教学强调将理论应用到实践中，并将其融入课程中。通过将课程融入现实生产中，不仅可以更好地帮助学生掌握现代技术，而且可以促进他们的职业发展。工匠精神的传播需要教师具备较高的专业知识和技能，并以此来成为学生的楷模。

学校可以组织学生到当地知名的企业进行参观，感受企业文化，感受一线工人的匠人精神，邀请优秀工人进行讲解，感受榜样的力量。为提高教师的职业技能，每个学期按比例组织教师在校外进行培训。一是要聘请校外知名专家学者在学校举办公开课，举办研讨会，向师生讲解工匠精神的培育，与教师进行经验交流。二是聘请企业优秀的技术人员在学校的实践课程中任教，在学生的专业实践课中进行指导，并进行一定的考核，从而提高学生的实际操作能力。"请进来"的教学模式，既可以优化职业院校教师队伍的结构，又可以提高教师的职业素质，同时突出职业院校的优秀，将理论与实践有序地结合起来，更利于培育学生的工匠精神。

2. 专业课程教学中逐步渗透工匠精神

在现代学徒教学模式的推行过程中，我们应该特别注重培养学生的思想道德，并采取适当的授课方式和途径，让工匠精神成为学生的核心素养。我们应该把这种精神融入日常教学活动中，并与学校的教育计划相结合，让工匠精神成为每个学生的职业目标。

3. 加强思想道德教育

现代学徒制度要求，既要培养出具备出色的技能的学徒，又要培养出具备良好心态和品格的学徒。因此，需要通过开展"工匠精神"等思想道德教育课程，来帮助学生增强自身的责任感和使命感，并且让他们在实际的工作中遵守职场准则。通过观看影片等宣传活动，使学生树立远大的职业理想，将工匠精神作为最高的职业追求。

（二）重视技术工人的培育

重视和培养具有实际能力的技术工人。只有通过持续的技术改进和创造，企业才能保持领先地位。因此，工会可以向那些为企业的发展做出杰出贡献的技术工人颁发荣誉证书。另外，企业应该为技术工人提供更多的学习机会。

为了更好地促进企业的可持续发展，需要把员工的薪酬与他们的职业技能紧密结合。特别要针对那些需要更多投入的职场精英，可以举办各种各样的职场竞争和培训，以此来鼓舞他们的热情，并且为他们的职业生涯增添更多的光彩。

（三）发挥员工的创造性

企业应将"以人为本"作为经营理念，环境对于人的工作状态具有潜在影响，创建良好的工作环境，员工作为整个生产经营活动的关键，应积极调动员工工作的积极性和创造性，给予员工一定程度的决定权，企业组织开展各种活动，尊重员工主体地位，尽可能发挥其最大潜能，为员工提供进修机会，积极参加各种交流活动，使员工对企业产生归属感，建立良好的合作氛围。

四、从国家政策角度培育

（一）出台相关政策

从法律角度来看，政府有责任采取更有力的措施来维护和促进知识产权的发展。具体而言，可以采取一系列措施来减轻中小企业的经济负担，并且要求各级机构更有效地实施有关的管理措施，以便更好地促进经济发展。此外，还可以采取更有力的措施来惩治侵权者，并增强对技术密集型的知识产权的保护。为了促进经济增长，政府需要制定更多的激励措施，包括制定更多的税收减免、财政补贴等，以及为企业提供更多的投入，以激发其研发活力。

首先，企业应加强技术创新，引进高素质的科研人才。除了加强与学校、科研机构的合作，还需要积极拓展与各类企业的联系，把理论知识融入实际操作中，让毕业生有更多的就业机遇，从而推动中国的经济发展。其次，政府也需要设立创新基金，并且向那些满足条件的企业投入财力物力，来推动经济的发展。为了更好地发展，企业需要认识到品牌的重要性，并努力增强企业的文化。最后，政府也需要采取有效的措施来促进企业的发展，以增强企业的国内外市场份额。

（二）完善就业制度

随着科技的发展，许多新兴的就业模式正在改变，它不仅强调了个体的能力，而且注重个体的素养，更加关注了个体的创新能力。这种新型的就业模式不仅有助于激发个体的创造性，提高个体的素养，而且能更有效地发挥个体的潜能。

企业和政府都有责任通过改进薪酬体系和技能标准来激励和保障技术人才的发展。这些措施包括加强对职场中的劳动力的评估，增强他们的职场竞争力，并促进他们在职场中的发展。

（三）建立激励机制

1. 健全人才评价及奖惩制度

党和国家一直强调，要为人才的发展创造有利的环境，让他们发挥最大的潜力，因此必须不断改进人才评价机制，以更全面、更客观的方式来衡量人才的能力。为此，应当建立多元化的评价体系，加强职业技能的鉴定，与企业、职业院校、科研机构等建立有效的合作关系，并且重视从业者的职业道德和职业素养的培养。为了更好地激励和鼓励具有创新思维的人才，我们应该建立一套完善的人才奖惩机制，并且给予那些为企业发展作出重大贡献的人才更多的物质和精神上的回报，如提高他们的薪酬水平，增加职务津贴和岗位津贴。

2. 物质激励与情感激励并重

为了更好地鼓舞和支持一线员工，企业应该采用多种形式的奖惩机制，既要给予他们实际的奖赏，也要给予他们精神上的鼓舞。同时，还应该建立完善的薪酬体系，确保他们能够获得更高的薪酬和更丰厚的福利。企业在运用多样化的措施来鼓舞员工的精神，如开设劳模评选、岗位评优等，以及实施有效的绩效考核，以此来促使员工持续改善。此外，还可以采取更多的措施来体现对员工的尊重，如给予他们更多的职场经验，让他们有更多的自信心去实现自己的抱负，并且可以给予他们更多的职场上的挑战，从而更有效地推动企业的可持续发展。

3. 加强对员工的事业激励

为了改变现状，企业应该摒弃传统的思维模式，让年轻人拥有充分的发挥空间，并且采取末位淘汰制度，以确保他们的职场竞争力。此外，企业还应该建立起公平的晋升制度，改进企业的评估体系，摒弃以职位来衡量的陈规陋习，将具备较强竞争力的青少年作为重中之重，加以突出地发展。针对不同的企业，采取适当的措施，如建立竞争性的招募机制，让每一位员工都能参与到招募活动中来，以确保招募流程的公平、公正、透明。对于岗位不称职的员工，应进行再次培训，上岗后仍难以胜任者降职或者免职。通过引入激烈的市场竞争，不仅能够提升员工的自我管理能力，而且还能够营造一个充满激情、勇于探索、乐于挑战的环境，促使每个企业的员工都能够提升自身的能力,为企业的持续健康发展提供有效的支持。在文化软实力的框架内,对于如何培养和弘扬工匠精神,需要综合考虑多个因素,包括文化资源、文化产业、公众素养和国家的相关政策。从文化资源的角度来看,"敬业""精益""专注"的工匠精神都是值得珍惜的。此外,企业也要加大力度,给予员工更多的尊重,并且提供更多的技能培训,以提升他们的职场素养。从文化产业的角度来看,学校、社区、媒体等都要采取多样的方式,努力营造一个健康的社会氛围。从国民素养的视角来看,企业应该积极开拓和深化和推进和职业院校的合作,不断深化对学生的思想品德的培养,努力培养他们的工匠精神,让他们在适当的环境中获得更多的成长。此外,企业还要积极构建一个充满活力的发展环境,让员工有更多的空间去实现自己的梦想,从而推动经济的可持续增长。另外,保障劳动者的合法权益的相关法律也对此做出明确的规定,要求各级政府和企业要积极采取有效的措施,努力改进劳动力市场,让更多的劳动者获得更好的待遇。通过改善工作环境,确立工作者的合理利益,促进工作者的专业技能,从而有效地推进中华民族的繁荣昌盛。

第五章　基于工匠精神传承的人才培养研究

传统工匠拥有专门的技术制作特长，他们是传统手工业的核心力量。然而，随着时代的进步，将工匠定义为手工艺人、手工业者或技术劳动者，虽然有其合理性，但也受到了历史的限制。亚力克·福奇（Alec Foege）认为，现代工匠的职责是利用现存的资源，创造出令人惊叹的产品，激发人们的热情。他们不只局限于传统的手工艺人和普通劳动者，还包括科技专家、技术专家、工程师、设计师和相关领域的管理者，他们的创造力和智慧让现代社会变得更加美好。从这个角度可以看出，为了满足当代社会发展的需求，人才教育中普及工匠精神的范畴也更为广泛。

第一节　分析人才教育中工匠精神的缺失

当前，我国人才资源开发还不能满足高质量发展需求。工匠精神培育在人才教育中存在一定程度上的缺失。

一、教育理念上的缺失

（一）重实用，轻敬业品格培育

长期以来，为适应市场经济的发展，我国的人才教育以市场需求为风向标，"重实用，轻敬业"的问题十分突出。国内部分院校（包括普通高校和高职院校），没有开设针对职业品质和职业精神方面的课程或活动，而思想道德修养、法律基础等思政课程虽说有相关内容的教育，但是并不具备针对性和系统性，学生对于热爱职业、敬畏职业、献身职业等敬业品格并没有一个系统的了解和全面的认识。传统大学生人才培养方案偏向实用性，讲究速成，往往更强调对专业理论知识的掌握程度和对社会的适应性，对人文素养和职业品质的培育不够重视。即便是在新时代背景下，社会建设和国家发展对人才培养提出了新的要求，部分学校和教师仍然没有意识到工匠精神的重要性。

（二）重专业，轻实践技术教育

随着时代的进步，高等院校的人才培养已从传统的理论转变到实践的模式，特别是针对当今的社会经济环境，强调技能、创新和创造力，使综合素质和能力成为当今高等院校人才培养的核心目标。尽管高等院校在提供实践性课堂上给予了充足的资源和精心设计的课件，但是相对缺乏足够的时间和精力，这些课堂的效果往往不尽如人意，很多时候只是停留在理论的讲解上，缺乏将实际操作融会贯通的机会，导致实际操作技能的缺乏。因此企业普遍感到担忧，希望他们具备更多的专业知识与实际应用技巧。

（三）重守成，轻创新创造培育

当前的社会正在迅猛地转变，需要人们持续地学习和掌握最前沿的信息。因此，院校需要重塑学生的学习方式，以便在这个充满挑战的世界中保持竞争力。大多数企业期待员工在就职之前具备良好的专业素养，以便在未来的竞争中占据优势。因此，院校必须立即采取行动，以培养出拥有专业知识和创造性思维的人才。为此，普通高校和高职院校应积极开展各类创新创造活动类项目，如"挑战杯""创新创造大赛"等。参加这类活动可以让大学生深刻体会到工匠精神和创新创造能力的重要性。

（四）重适用，轻职业生涯规划

随着新型工业化的发展，人才培养正在经历前所未有的改变。当前，人才教育既应当注重培养当前所需的技术技能，又应当注重塑造出一批优秀的劳动者，他们应当具备职场上的责任感、技术技巧、创新思维，并在跨领域的知识融汇与技术应用中发挥积极作用。为此，大学生应当对自身未来有一个较为明晰的定位，能够规划自身未来的职业生涯。然而，事实证明，许多职业规范类课程只能通过演示来进行，在一定程度导致学生的学习积极性降低。部分学生缺乏人生目标，他们的未来可能会迷茫，可能会进行一些短暂的反省，可能会产生一些错误的决策，有的学生甚至放弃了对未来的计划。部分学生认为，凭借良好的学习成绩就可以轻松获得一份理想的工作，而不必担心可能会遇到一些挑战。尽管学历这个"敲门砖"规定了毕业证书的标准，但现在的企业在招聘新员工的时候，会特别注意他们的个性特质、道德修养及实际技能。若毕业生眼高手低或职业精神不佳，则势必不能在工作岗位创造足够的价值，进而在一定程度上丧失全面发展的机会。

二、教育体系上的相对落后

（一）学校的育人方案陈旧

第一，在价值观的指导下，院校应该重点关注学生的理念、文化素养、职业素养，尽量避免将他们的目光局限于物质的满足，同时要重视他们在未来的发展，让他们在未来的工作中发挥自己的作用，并且有责任心地履行自己的义务，这样培养出来的人才更加有竞争力。

第二，随着学科和专业的不断发展，新技术新产业的出现，使得多学科的交叉融合变得越来越普遍，但是由于学校教育的更新速度相对较慢，知识传授相对滞后，内容覆盖面相对狭窄，实践教育相对缺乏，在一定程度上使得毕业生的知识结构相对单一，对职业环境和职业前景缺乏认知，缺乏将理论知识运用到实际工作中的能力。

第三，在综合能力培养方面，由于培养模式的固定性，学生相对缺乏终身学习的能力，他们的问题意识较弱，缺乏创新的心理动机，对于获取新知识和建立新能力的意愿较弱，求知欲也较弱，因此他们的创新能力也相对较弱。

（二）在课堂上，我们相对较少地探讨如何培养学生的工匠精神

高等教育与传统的义务教育、高中教育有着本质的不同，它更加注重精神层面的培养，如"勤奋创新""自强不息""厚德载物"等。因此，高校课堂不仅要传授专业知识和技能，而且要把各行各业的宝贵经验有计划地分享给学生，让他们深入了解每一位成功者的背景，从而更好地理解他们的价值观。在课堂教学中，教师引入工匠精神的内容，旨在培养具备

工匠精神的人才，以促进国家的发展。并让学生通过实践和案例来体验这些概念，让他们更好地理解并应用这些概念，增强他们的学习兴趣和专业认同感。

1. 缺少专门针对培养工匠精神的教材

一个具备丰富的专业知识和技术精湛的人，将会在社会中获得更高的竞争优势。虽然很多院校都认识到这一点，但开发针对性的工匠精神培育教材并没有得到相应的重视，大多数工匠精神的教学内容都混同在思想道德教育教材中。

2. 课堂教学缺乏工匠精神的相关内容

许多大学生在课堂上没有听到专业老师讲授过工匠精神的内容，或者是接触到的关于工匠精神的知识相对有限，导致他们的思想水平无法得到提升，也没有机会去关注那些具有工匠精神的工匠，这种情况对于培养学生的工匠精神带来一定的挑战。

3. 课堂教学授课方式还需要进一步改进

在当前的很多高校或是高等职院校园里面，教师对于工匠精神的教育只是理论层面的讲课，缺乏在现实中的操作。要想使工匠精神培育取得很好的成效，教师不单单只把资料课本上的文字理论灌输给学生，更加需要把理论和社会生活实际联系起来；并且教师还应当提高自身综合素质，为学生做正面的示范，让学生认识到工匠精神的真正内涵，认识其重要性，使工匠精神内化在学生学习生活、社会活动的方方面面。

（三）评估工匠精神培养的方法相比其他方法显得单一且落后

大多数院校采用传统的测验方式来衡量一个学生的工匠精神，但这种方法缺乏客观性和全面性，因此在评估一个学生的工匠精神时，必须建立一个完整的评估体系，以便更好地反映出他们的实际表现，并且更加准确地衡量他们的工匠精神。在评估过程中，应当加强对大学生工匠精神的监督，并从多个角度全面把握，以便获得可靠的数据，从而有效地提升大学生工匠精神的培养效果。

三、校企联合上的不足

（一）缺乏有效的培训体系

当前的职业培训存在着一些问题，其中最突出的就是，大多数的理论课程仅限于基础知识的传授，而没有形成完整的、针对性强的、具有针对性的培训体系，导致每所学校的专业课程和技术水平存在一定的差异，也没有统一的职业资格和技术等级。为了让这些计划变成现实，我们必须采取更多措施来促进它们的落地。因此，我们应该加强对这些领域的支持，鼓励和促进企业和高等院校之间的联系，以充分利用他们的优势。

（二）实践连续性不够

许多大学的实际操作时间不长，无法满足其专业的技术和素养的要求。为此，他们的实习导师必须深入了解每个学员的个人优势，并以此为基础，采取个体化的培养计划，以协助他们更好地掌握知识，提高技能水平。

（三）过于注重学历

当前，企业把学历作为求职的首要条件，而在一定程度上忽略了个人的潜质，使得许多学生无法获取足够的工作机会，从而使得教育体系和经济发展之间出现了脱节，在一定程度上无法满足当今社会的需求。

四、学生自身的主体意识较弱

学生的思考能力强和对新事物的好奇心重，但相对缺乏实际经验和社交能力，他们很可能被一些消极的价值观所左右。许多大学生没有足够的自我管理和约束能力。尽管有许多人已经认识到了工匠精神对自身职业发展的重要性，但由于缺乏主动性，他们在学校里参与的工匠精神宣传、讲座等活动中，往往无法充分发挥自身的潜力，从而无法有效地掌握、培养和实践工匠精神。

受应试教育的影响，部分学生习惯按照老师和家长的安排进行学习，相对缺乏自主思考和创新精神，他们的学习能力较弱，知识面相对较窄。这样的学生往往相对缺乏求知欲，也没有耐心了解什么是工匠精神。

五、外部环境的局限

（一）社会环境

培养工匠精神需要社会环境的支持，这种支持可以深刻地影响人们的思维方式，并且对于学生来说，这种影响更加显著。

第一，为了更好地发挥工匠精神的价值，应该加大对相关政策的实施力度，以确保其具有良好的执行力和可操控性，并且能够更好地激发和引领社会的发展。同时，也要改变现行的社会观念，让更多的劳动者将其视为第一职业。

第二，随着网络的飞速发展，信息的数量激增，让学生很难判断信息的真伪。毋庸置疑，互联网为人类的生活带来了一定的便利，不论何时何地都可以轻松获取到最新的资讯。然而，这种便捷的方式也让一些学生沉溺在网络世界，相对缺乏创新思维。而且，一些负面的言论对学生的思想造成了一定的影响。

第三，社会不良现象给学生的"是非观"教育带来了一定的挑战，削弱了他们对传统优良文化的认知，从而影响了学生的工匠精神的培养。部分学生的学习生活缺乏稳定性和良好的学习态度，这对他们未来的成长造成一定的负面影响，也在一定程度上削弱了工匠精神的培养效果。

（二）校园环境

校园是学生生活、学习最重要的教育环境，校园环境缺乏工匠精神有关内容，必然会削弱教育的效果，主要表现在两方面，一方面，表现为校园文化氛围淡薄。一些教师忽略了将正确的价值观融入课堂，忽略了课堂的实际效果。如果没有良好的校园文化气息，也就无法真正发挥出他们的工匠精神。

第二节 大学生工匠精神培育路径研究

为了推动新时代的创造力和创造性，院校应该努力把工匠精神融入思想道德课程，让它成为学生日常生活的一部分。这样才能够促进学生的个人成长，为国家的未来作出贡献。毋庸置疑，在当今的世界，学习与传承工匠精神已经不可或缺。因此，在我们的学习环境里，积极推进工匠精神的传播，不仅是一项艰巨的挑战，而且是一项神圣的使命。

一、以社会主义核心价值观引领匠心教育

当今大学生的匠心教育应当以科学的价值理念为指导，其中包含强烈的民族自豪感、职业道德、创新精神、人与社会和谐相处的生态化社会发展价值理念，这些价值理念既严谨又丰富，可以为学生提供更加全面的素质培养。当今的大学生应当拥有工匠精神，而这种精神的发展需要以社会主义核心价值理念为指导。这种价值理念的培养不仅是匠心教育的一部分，而且是对匠心教育的深入探索和持续发展。经过调查，学生对匠心教育的期望非常高，他们期待着能够接受到爱国主义（民族自豪感）、创新思维训练、社会主义生态社会发展教育及敬业精神等方面的培养。因此，为了培养当代大学生的工匠精神，我们必须牢记社会主义核心价值观。

（一）爱国主义教育应成为高校大学生中匠心教育的价值导引

当今社会正处于一个转型期，为了让中国品牌走向世界，提升质量，促进我国的进一步优化提升，我们必须坚持以中国企业家文化精髓为指导，以唯物主义的思维方式，把爱国的情怀融入实践中，以此来达成中国的梦想。爱国是中华民族久远发展文化中最重要的部分，它激励着我们勇于担当、勇于创新、勇于进取，为完成中华民族复兴的远大发展任务而不懈迈进。大学生身为发展工程的主要骨干，应当积极发扬爱国，培养民族自豪感，以爱国主义教育为指导，唤醒他们的劳动者奉献精神，从而推进中华民族的发展。

为了唤醒大学生的工匠精神，我们应该培养他们的学习态度、职业操守和服务理念，使之达到严谨、精益求精的境界。此外，我们还应该让他们深刻领会爱国主义的重要性，并将其融入日常行为。

爱国主义精神深深植根于中华民族的精神之中，它不仅表现在中国

传统文化中，更表现出党在社会主义建设中不断发展的先进思想和革命精神。中华民族拥有久远的历史文化，其中蕴含丰富的文化底蕴。爱国主义思想是中华民族的价值观。在年轻人中，我们应该加强对这些文化传统的认同感，并培养他们的工匠精神。通过汲取先人的智慧，可以让年轻人更好地理解和传承这些遗产，并为他们的工匠精神的培养带来文化支持。

爱国主义精神是我国现代化进程中不可或缺的精神支柱，它不仅可以帮助我国抵抗外来的侵略，而且还可以作为一种有效的社会调节方法，在一定程度上促进社会和谐稳定。在这一信念的指引下培育他们的工匠精神，加强他们的实践，让他们在市场的竞争中，乃至世界经济社会的变化中，保有清醒的大脑，强化他们的工匠精神，并将其转变为对物质世界的改革的坚定不移的行动。因此，爱国主义教育是培养工匠精神的主要动力之一。

通过爱国主义教育，可以激发大学生的工匠精神，唤醒他们的匠人意识，培养他们的匠人精神情感，锻炼他们的匠人意志，从而使爱国主义教育与工匠精神在大学生思想政治教育中得到有机结合，达到共同发展的目标。

（二）培养创新思维应该成为大学生的重要课程，并且是他们的核心素养

为了适应经济新常态的要求，我们要在全社会培养创新精神和创新能力，协同推进"四个全面"，加快走向"中国智造"和"中国创造"。2015年，中华人民共和国国务院颁布实施了《关于深化高等学校创新创业教育改革的实施意见》，旨在推进高等院校教育改革发展，以更好地服务国家经济增长规划。大学应该积极推进教改，以培育和提高他们的创业精神，提升他们的创造力。上述政策措施的制定和落实，为大学生指明了方向。但是，创业精神的培育不仅局限于理论，而且需要学生积极参与实际，勇于探索，以求达到最佳成效。为了培育当代大学生的创造力，不但要让他们拥有扎实的基础知识，理解行业最前沿的开发，更要让他们拥有追求卓越的工作态度。勇于挑战、不断进取、自律、勇于冒险都是工匠精神的完美体现。

工匠精神是一种将价值观念和技术创新完美结合的思维方式，它不仅能够帮助中国实现制造业强国的愿景，对于个人未来的发展也有着一定的意义。因此，高等学校应当加强工匠精神的培养，以促进其发展。随着"中国大众创业工作、万众技术创新"的推广，高等学校应当紧紧围绕我国大学生创新型创业的目标，将"企业创新奉献精神"融入匠心教学的全过程中，激发学生的职业精神，充分发挥"匠人奉献精神"的引导作用，让学生在创新教育中体会"工匠精神"的乐趣，并在未来的技术创新活动积极践行工匠精神。

高校人才培养的使命之一就是培养创新型人才。"技术创新"被列为新发展理念之一，这表明"技术创新"对于未来的发展至关重要。随着中国不断转型为创新型国家，并且面临越来越激烈的国际竞争，技术创新已成为发展的核心。为此，政府将加强对创新体制机制的建设，构建更多基于技术创新的产业链，以提升本国在全球竞争中的优势。随着全社会对革新和创业的热情不断升温，我国高校的思想政治教育也应该跟上时代的步伐，从"照本宣科"的传统教育模式转型为更加开放、包容的教育方式，以培育学生的创业精神，激发他们的创新潜能，提升他们的创造力。

（三）职业道德教育应成为高校大学生中匠心教育的重要内容

古代的匠人大师因其严格的职业道德而受到全社会的尊重。他们始终坚持着端正自我的品行，不断提升自身的技艺，以此来体现自我的人生价值，这也是古代匠人大师的工匠精神。正是由于他们的不懈努力，我国古代才能取得辉煌的成就，跨越了历史的洪流。"职业道德"的优秀文化历经千年，仍然受到世人的尊重和认可。因此，院校应该把职业道德教育纳入大学生的工匠精神培育规划，以提升他们的职业素质，让他们更好地发挥自我的潜力，体现自我人生价值。为了让大学生更好地理解"职务"的重要性，我们应该让他们更加尊重"职务"，并且让他们在日常的工作和学习中更加自觉地遵守人格道德，以及其他相关的规范。我们应该把人格道德教育融入大学生的日常生活中，不仅要让他们掌握知识，还要养成他们的爱岗敬业精神、甘于献身、精益求精、严格责任的人格道德，从而帮助他们树立职务价值理念和人格道德观，以此来更好地适应社会的发展。

通过"工匠精神",我们可以深入了解其中的精髓。

职业道德是指一个人在从事职业活动时应当遵守的行为准则,它不仅体现了一个人的职业操守,更是一种崇高的精神境界,它要求每个人都要尊重职业,并且要有责任感,以此来实现自身的价值,从而达到卓越的目标。每一种职业都有其独特的使命和责任,因此必须遵守职业道德准则,以确保其行为符合社会期望。其中,诚实守信、勤勉尽责、公正公平、为他人着想、为社会作出贡献,是职业道德的核心要求。

职业道德观反映出一个人对自身职业的认可,它既体现出个人的自尊心,又能够为社会带来积极的影响。尤其是对于在校大学生而言,职业道德观更能够帮助他们更好地理解和把握未来的发展趋势,并且能够更好地实现自身的价值。自我认同是一种重要的心理状态,它使大学生能够更加清楚地认识自己的人生目标,并且能够更好地实现自己的价值。在校期间,大学生不仅要学习新的知识,还要培养自己的职业技能,以便能够更好地适应社会的发展。高校应该努力帮助大学生将"爱国、敬业、诚信、友善"的价值观融入他们的职业活动中,让他们能够将个人利益与社会发展紧密结合,形成一个完整的价值体系。同时,应该鼓励他们遵守社会的法律法规,并且努力提升自己的职业道德修养,让他们能够更好地实现自己的职业梦想。

(四)生态文明价值观应成为高校大学生中匠心教育的重要支撑

机械化大生产的普及,虽然为我们人类社会带来了丰厚的物质和财富,但也引发了一系列严峻的后果,如各种资源的耗费、环境的污染,威胁着人们的发展。随着人类社会的发展,越来越多的人意识到,大自然虽然给予了我们恩惠,但却无法满足我们的需求。为了应对各种资源的日益紧缺,我们必须不断改进科学技术,降低对自然的耗费,提升资源的利用效率。马克思的节约思想旨在通过科学合理使用有限度的自然资源产品,达到各种资源的合理利用,以及最大限度地维护我们的环境,从而促进可持续发展。因此,节约不仅是我们践行生态文明的价值观,也是中国工匠文化精神的追求目标。

大学生是未来社会主义发展的主要支柱,更是推动社会主义生态文明建设的关键动力。他们的环境文明意识和素养决定着国家的未来发展。为了促进中华民族的伟大复兴，提升我国的制造业水平和竞争力，我们必须在全社会弘扬匠人奉献精神，让更多的人参与环境保护的行动中来。因此，将生态文明教育纳入高校工匠精神的培养中，进一步提升我国高校学子的环保意识，将为落实我国可持续发展的绿色发展目标提供有力的支撑。

1. 大学生匠心教育应融入生态道德教育

生态化伦理学旨在建立一种良好的社会关系，以实现人与自然、人与经济社会、人与生态化社会环境的和谐共处。它强调了人们应当遵循一定的道德准则，并努力维持生态化均衡，以确保我们人类社会的可持续发展。因此，大学生的匠心教育应该把生态化道德教育纳入其中，以实现人们与大自然、人们与经济社会、经济社会发展与生态化社会环境的和谐共处。为了培养大学生的工匠精神，我们应该把生态化伦理学作为一个主要的组成部分，让他们认识到自然资源的重要性，自觉遵守生态化伦理学的准则，承担起捍卫自然环境的责任。

2. 大学生匠心教育应融入生态美学

环境艺术是一个跨越时空的崭新领域，它将艺术与环境学紧密结合，旨在探索人与自然、社会、他人之间的和谐共处。它关注自然，重视人们创造的一切，以及如何利用这些资源来构建更加美好的未来。人们的工艺虽然可以作为一个重要的参考，但相对缺乏完善的技术，大量的原材料被浪费，污染物被无限地排放，这种情况严重破坏了自然界环境，在一定程度上影响了人们的生存环境。为了实现社会发展和生态平衡的双重目标，我们应该积极弘扬工匠精神，并且重视生态美学，努力提升劳动者的技能水平和产品质量，同时积极推行"科学生活"和"绿色人生"，以促进我国的发展，促进产业的升级转型。

3. 大学生匠心教育应融入生态文明

人与自然的和谐相处，是实现人类自身发展、实现人与社会和谐发展的基本诉求。通过人类对自然进行劳动改造的过程来实现人与自然的和谐相处。曾经，我们过于强调从自然中索取，通过消耗大量的自然资源，投入大量的物质和金钱，通过粗放型的开发模式来发展社会，根本不关心出现在社会生产的过程中的资源浪费现象,也没有认清我们已经破坏了生态环境这个事实,后果自然是引发严重的自然环境与生态问题。因此人类在发展过程中,必须以严谨细致,精益求精的精神,不断提高自己的技能技艺,要高度尊重即将被我们改造的对象,要用负责任的态度来进行社会的生产,从而才能做到与生态环境的和谐发展。

二、大学生工匠精神培育的基本原则与方法

恩格斯指出:"原则不是研究的出发点,而是它的最终结果;这些原则不是被应用于自然界和人类历史,而是从它们中抽象出来的;不是自然界和人类去适应原则,而是原则只有适合于自然界和历史的情况下才是正确的"。根据德育的原理和规律,我们应该确立大学生工匠精神培养的基本准则,并以此为基础进行培养。

(一)大学生工匠精神培育的基本原则

1. 主体性与主动性相结合的原则

通过让学生参与到实践当中,他们可以从自身的角度去了解、探索、实践,从而获得更多的知识,贯彻"以人为本"的理念,让他们的主体性得到最好的释放。应当重视他们的个人需求,并采取他们更容易接受的培养模式,以增强他们与社会的交流,让他们更好地参与到工匠精神的宣传教育当中。"思想政治教育对人的教育影响只有通过教育对象积极主动地接受并内化,才能真正起作用。"[①]教育对于塑造一个具有创新思维、勇于担当、敢于创新的未来,必须要让学生以积极的态度接受并融入他们的思想当中,以此来实现真正的教育效果。为了让大学生拥有真正的匠人奉献精神,我们必须认真对待他们的主观能力,让他们积极参与到这一过程当中,并且以积极的态度去实践。

在培养工匠精神的过程中,我们应该强调学生的主观能动性,并鼓励他们积极实践。让大学生明白工匠精神对他们的个人成长、社会进步和国

---

① 陈万柏,张耀灿. 思想政治教育学原理[M]. 北京:高等教育出版社,2007.

家发展都有重要意义。

2. 继承性与创新性相结合的原则

工匠精神代表了中华民族的独特价值观和道德准则，它不仅体现在我们的日常活动中，而且深深植根于我们的民族之中。我们应该努力提升我们的民族自豪感，并继续发扬我们的优良传统。恩格斯曾指出，每一个时代的哲学思想，不论其先驱者如何传承，它们的根源始终建立在特定的思想资料之上。因此，没有一种新的思想可以完全脱离过去的历史经验，也没有一种完全独立于当下的情况。中华民族的工匠精神源于其不断探索和实践的历史，它反映出中国人民对于智慧和技能的渴望，也象征着中国人民不断进取的精神。因此，在当今社会，教师应该致力于将这种精神融入自己的教学中，以此来弘扬中华民族的伟大文明。

创新是推动社会进步的关键。对大学生进行工匠精神培育，不仅要让祖国的未来继承工匠精神的文化内核，而且要立足新时代、新环境，创新中国工匠精神的精神内涵，开创充满生机与活力的培育、传承新方法。传承不是一成不变的复制，创新不是凭空臆造，21世纪的工匠精神要与时代融合，在传承中发展，在继承中创新。只有处理好继承与发展的关系，才能实现内容与形式的创新整合。新时代大学生工匠精神的培育也是要在坚持继承性和创新性协调作用的基础上，以培育目标为中心，有规律地分阶段地持续推进，在每一个具体的阶段都要有重点地开展培育工作，实现由量的积累到质的提升，形成整体合力效应，达成良性循环。

3. 理论性与实践性相结合的原则

理论教育是为了帮助大学生更好地理解和掌握相关的知识，它通过系统的、全面的学习来实现这一目标。

为了让大学生更好地接受科技知识的普及，我们应该积极推动他们接受"没有革命的理论，就不会有革命的运动。"的观念，并且建立起良好的价值观念，以及树立良好的职业道德观念。同时，我们也应该注重将理论知识融入日常的社会活动，以满足他们的社会责任感，并且让他们更好地把握自身的能力，从而更好地建立起良好的职业道德。卢梭指出，要想让年轻人真正理解你所讲的道理，就不能只是简单地讲述理论，而是要用一种方式来表达,让思想的语言真正深入他们的内心,让他们真正了解你的想法。通过运用多种多样的立体图像,我们可以更好地激励大学生的理性思维,拓宽他们的知识面,培养他们的创造力,并且可以激发他们的学习热情。

实践是检验理论教育成果的唯一标准,因此大学生培养工匠精神,不仅要依靠理论知识,还要通过实践活动,让他们在实际操作中获得更多的知识,并且能够从复杂的社会环境中深入理解工匠精神的真谛。理论的学习只有经过实践的检验,才能真正融入个人的思维中。大学生可以在课堂上学习理论,并在实践中运用它们,从而更好地理解它们,并且通过"理论—实践—理论"的循环反复的练习,来建立自己的知识体系和思维模式。学校应该重新审视实践教育的现状,努力提供更多有效的实践机会,以便为大学生提供一个充满活力的实践环境,让他们在实践中获得爱岗敬业、勇于探索、勇于创新的素质,从而成为新时代人才的重要组成部分。

为了更好地发挥大学的工匠精神,我们必须将理论知识与实际操作相结合,并且综合考虑各种因素,以便更好地将它们融入一个整体的发展之中。此外,我们还应该恰当地安排理论教育的课时,更好地发挥它们的协同效应。为了更好地推动理论教学与实践教学的紧密联系,我们应该努力建立起理论与实践的有机统一,让理论知识学习更加贴近实际,让学生更加深入地理解科学知识,并培养他们利用科学技术分析方法、解答现实提问的能力。

(二)大学生工匠精神培育方法探索

为了更好地培养大学生的工匠精神,我们需要根据当前的情况和问题来选择恰当的培养方法。在此基础上,我们将通过问卷调查和数据分析来提出三种有效的培养方法。

1. "师生互动"法

教师负责帮助学生掌握专业的知识,并为他们提供职业发展的指南。通过有效的课堂互动,让学生更好地理解我们的想法,并且更加热爱我们的课堂。为了让大学生更好地掌握专业技能并发扬工匠精神,建议增强教与研的沟通与合作,并以此为基础,实施多种有效的教育活动。

第一，要想让学生真正掌握理论知识，就必须在课堂上与教师进行有效的互动。长期的理论知识学习可能会让他们感到无聊乏味，因此教师应该采取有效的措施，调动学生的学习兴趣，帮助他们深度思索，以便获得更深层次的认识。为了培育大学生的工匠精神，我们应该在理论课中加入这种精神，并实行提问式、研讨式和个案式的互动教学方式，以唤醒学生的学习兴趣。古人云："学贵有疑。"采用问题互动式的方法，可以启发他们的思考意识，培养他们的怀疑、批判性思维，培养他们的创新精神，并且可以培养他们的团队协作能力，培养他们解决、处理问题的技能，以及提升他们实践技能。采用案例式交互的方法，可以让大学生从实际情况中获取经验，启发他们的综合性思维，并且可以帮助他们自己去探索、分析、总结，从而有效地培养他们的专业素养。此外，这种方法还可以让教师与大学生一起进行有效的探究，减少他们之间的隔阂，让他们可以把自己的经验、专长等有效地传递给他人，让所有人都可以有效地掌握、运用，从而达到最佳的效果。经过深入探索、实践，大学生能够养成具备工匠精神的人格，同时也能在未来更好地理解并应用这些品格。

第二，经过实际操作和交流，大学生不仅可以获得丰富的知识和技能，还可以在这个过程中获得激励和鼓舞。这不仅可以帮助他们提高自己的专业水准，而且还为他们的职业道德建立良好的基础。为了更好地发展工匠精神，我们应该积极参与课堂活动，并充分发挥多种实践资源，为学生提供良好的实践机会，同时采取开放式、探索的方法，让他们拥抱挑战，发挥自己探索和解决的能力。采用开放式、探讨的教学管理模式，希望改善学生的学习体验，让他们不再只是单纯的学习工具，而是主动的教学主体。这样，教师就不仅是将所学内容传递给学生，而且要让学生主动去了解、去思索、去分析、去解决、去挑战、去改善自己；同时，培养学生的自主了解、自主思考、自主合作的精神，让他们更好地掌握科学技术，培养自己的职业道德。

随着社会的不断发展，新的科技不断涌现，教师需要改变"授业者"的思维模式，以更加活跃的态度和更具创造性的方式，将言语和行动相融，以更具影响力的方式，给予学生更多的指导和帮助，建设一个更美好的未来。

2. "多方联动"法

为了让更多的大学生拥有良好的职业技术和创新思维，我们必须把这项重要的使命放在首位，并且把它作为全民的责任，从政府、行政机关、企业、高校、家长到普通民众，形成强有力的协作关系，营造良好的职场环境，激励他们追求卓越，提升自身的职业技术水平，以满足时代的发展和进步的需求。

为了推动国家社会的发展，弘扬工匠精神，必须不断完善国家制度，改善社会生活环境，以促进社会环境与管理制度的协调发展。按照马洛斯需求层次理论，只有当社会真正适应人类多样性的需要，才能激励人类追求更高层次的生活目标。政府应该采取有力措施，加强对现代劳动技术及其相关技艺的法律保护，制定有效的政策，以促进知识产权和技术专利的保护，确保工匠群体的合法权益得到有效保障，并建立完善的维护技术劳动者权益的机制。

为了推动工匠精神的发展，我们应该倡导社会成员尊重劳动，珍视工匠精神，让手工业劳动者以一种更加公平、公正的态度工作，并且为大学生提供一个良好的学习环境，以培养他们的工匠精神。只有通过深入的理念灌输和文化宣传，才能够形成一种普遍认可的价值观，因此政府应该积极领导，加大力度，采取有效措施，强化对工匠的支持和保护，以促进工匠精神的发展，推动社会的进步。

为了适应多元化的需要，我们应该激发工匠的内在潜能，并且开发他们的无限创造力。对于企业来说，我们应该重视员工的职业素养培养，并且塑造行业典范，为大学生树立积极正面的榜样。通过典型榜样示范，我们能够深切地了解古代的鲁班、庖丁、黄道婆等，以及近代中国匠人高凤林、胡双钱等事迹，他们的精神追求更加值得我们重视，深度发掘。大力推广他们的优秀事件，营造崇尚勤劳、重视工匠精神的现代社会气氛。企业通过利用制作纪录片的多种形式，将中国传统手艺和精致的手工生产展现给社区、大学生，以此来弘扬工匠精神，唤醒他们对这种文化的认同感，并将其融合到社会时尚中，从而增强其吸引力。通过选择优秀的典范人物，将工匠精神融入企业的发展，使其成为每个职工的自觉意识行动。工匠精神不仅是一门技术，更是一种劳动者的精神，它反映出劳动者的价值，因此我们应该加强对技能劳务的重视。

院校应当给予大学生更多的实践性机遇，让他们有能力去处理现实难题，并且努力提高中国产品的质量。学生作为未来社会的人才，学校是培育匠人的重要场所。教学应当与社会实践密切融合，既要训练他们的专业，又要带领他们树立正确的三观，全方位提升他们的职业发展素质。我们应当将工匠精髓的理念融于教学，让他们在学习中体验到它的精髓，为他们的未来发展打下扎实的根基。为了能够更好地提高学生的职业技巧，学校应当设置更多的专业性拓展课程，并组织各种社会实践活动，邀请知名企业家来做讲座和演示，以帮助学生更好地理解未来的职业发展，并提高他们的职业操守和职业精神。

不管是政府机构、企业机构，还是私立学校，它们对于学生的教育都扮演了极其重要的角色，并且对于他们的职业道德的塑造也有着不可替代的影响。因此，我们必须认真对待这种职业道德，并且努力营造出有利于他们职业道德的教育环境，以便让他们能够更加自觉、积极、健康地去追求自己的职业梦想。

3. "知行合一"法

工匠精神是一种深刻的思想，它能够指导我们的实践，因此在培养大学生的工匠精神方面，我们不仅要采取传统的教育方式，还要结合他们的思想特点和时代背景，采取知行合一的教育模式，以唤醒他们对工匠精神的理解和体会，并将其融入他们的日常生活中。

首先，我们应该培养大学生的工匠精神。专业技能可以为我们的未来带来物质财富，但工匠精神可以满足我们的精神需求，帮助我们走得更远。工匠精神对于一个新型人才的发展至关重要，因此大学生应该深刻认识到，只掌握专业技能是远远不够的，更重要的是要培育出一种严格、精细、勤奋、追求卓越的工作态度，并将其作为自身的行动准则。

其次，为了培养出具有工匠文化精髓的大学生，必须让他们拥有一个严肃精细的管理工作心态，一个躬行践履的工作方法，一个不断进取的工作风格。此外，还要让他们拥有一种对自身职业、工作的尊重、感激之情，一种在物质追求与精神追求之间取得平衡点的心态，一种注重自身能力再造和技艺的持续提升的精神。锻炼工匠精神需要不懈努力，可以通过学习和实践来培养，也可以通过模仿、专家指导、现场考察和案例分析等方式来提高。

最后，为了培养出具有爱岗敬业、敢于实践、勇于创新的工匠精神，我们应该加强对他们的心志力的培养，让他们拥有更高的责任心、更强的能力、更加积极的心态，以及更加严谨的态度，不断提高产品质量和服务意识，这是工匠精神教育的重要组成部分。"知行合一"的职业形象需要从内心深处渗透，并通过外在表现来体现。

三、创新大学生匠心教育的路径

通过引导和鼓励，我们可以帮助当代的大学生树立起自己的工匠精神，这不仅能够使他们更好地融入当今的经济和社会环境之中，还能够促进他们的身心健康。

（一）完善高校大学生匠心教育的工作机制

随着时代的发展和科技的进步，高等教育的培训方向和教学目标都必须进行重新定位。从高等教育的角度看，要想跟上当今世界的步伐，就必须努力提供优秀的教师和教材，以满足当今社会对于高层次、优秀的专业技能的需求。通过加强对大学生的技能训练和创新能力的培养，我们可以让他们成长为拥有良好技术和创新思维的杰出青年，从而更好地服务于社会的发展。

1. 完善高校大学生匠心教育的政策保障机制

通过建立健全的政策体系，我们可以更好地促进高校大学生的创新精神，并且给予他们更多的经济、社会、文化等方面的支持。这些措施既要求严格执行，又要求落地，以确保项目的正常进行。

高校的思想政治教育是大学生开展匠心教育的主要场所。要提升"工匠精神"的培育质量，就要从政策的根源上进行突破。学校相关的政策是大学思想政治教育能否得到顺利实施的重要保证。政策是除了经济制度、政治制度之外，对我国的思想政治教育的影响最大的一个因素。在现代社会，面临价值取向多元化的环境下，思想政治教育的是否能够"有为"，必须得到政策给予的直接支持。这里所说的"支持"，不只是单纯地指政策里面要求的为高校思想政治教育提供的各类必需的教育教学资源，如教学设备、教学场地等，政策本身应该也为思想政治教育提供明确的方向和实施路径。

2016年，时任国务院总理李克强就"工匠精神"的重申，引起全国的重视，为此各级政府纷纷采取行动，颁布一系列旨在激励、传承、振兴工匠文化的政策措施。同时，许多高等院校纷纷从海外引入先进的职业教育模式，并且建立起一套完善的管理机构，来落实企、事、院三级的管理职责，从而更好地激励、传承、振兴工匠精神。为了更好地发展和传承工匠精神，我们建议将思想政治课程的重点放到这方面，并出台相关措施来促进这一理念的普及和实施。

2. 完善高校大学生匠心教育的实践转化机制

根据最新的问卷调查结果，79.98%的学生表示，他们非常愿意将自己的技艺融入日常的劳作之中，以此来培养他们的创新思维和创造力。通过实际操作来证明的结论，才能够让每一位公民都能够深刻地领悟，将其融入自己的思想，最终付诸行动。因此，大学生的匠心教育，不仅要深入课堂，还要让他们参与日常的劳动，以此来提升他们的技能，增加他们的创新能力。通过社会实践，学生不但得到了丰富的专业知识，也培养了自己的毅力，增进了自己的责任心。学校为学生安排了许多机会，如进行专业技术实习、举办各种科研竞赛、举办各种主题活动。这些机会有助于培养我们的责任心，增进自豪感。通过培养良好的责任心、勤学好问、勇于创新、持续改进的工作习惯，可以为未来的就业市场打下扎实的基石，从而为培养优秀的专业技术人才、建设良好的职场素养、促进个人成长和社会责任感作出积极贡献。

3. 完善高校大学生匠心教育的评价机制

目前，59.26%的学生认为，"工匠精神"的培育效果无法得到充分的反映。因此，我们应当努力探索新的评价方式，更好地反映大学生匠心教育的实际效果，并且要积极借鉴其他学科的评价方法，以期建立一个更加完善的评价体系，可以更好地发挥大学生匠心教育的潜力。随着评价机制的不断改进，我们可以从多个角度来审视评价的内容、方式和主体，以期获得更准确的结果。

（1）评价内容的多元化

对于大学生工匠精神的评价，影响大学生的思想政治教育结果的成效性，关乎大学生的价值取向，而大学生的价值取向直接影响整个社会风气的好坏。因此，对于大学生匠心教育的评价内容涵盖以下几个方面，分别是对培育目标、培育内容的评价；对培育途径、培育方式的评价；对学校组织管理成效的评价；对取得培育成效的评价等，评价内容不仅应该包含匠心教育的目标是否完成，还应该将隐性的培育成果也纳入评价的考核机制来，如用人单位对于大学生的满意度、学生对校园文化的认可度等，这样才能够保证评价的内容能够覆盖大学生匠心教育的各个方面，才能真正体现使用价值，运用在各大高校。

（2）评价方式的多样化

为了确保评估的准确性和可靠性，我们必须建立一个多种多样的评估模型，包括定量和定性的评估、全面和综合的评估、静态和动态的评估。这样，我们就可以建立一个全面、准确、可靠的评估体系，从而确保我们的决策是可靠的。通过持续的实验和反思，持续优化和提升我们的评估标准，以更好地反映出当前高等院校的师资队伍的创新精神。

（3）评价主体的多样化

评价主体是指"个人或者团体作为参与教育教学评价活动的组织与实施，并进行价值判断"。评价主体在高校大学生匠心教育的全过程中，既可以掌控活动的进度，又能发现培育过程中的问题，对问题选择的解决方法、得出最终的结论能起到关键的作用。因此，要扩充评价主体人选，评价主体不仅包括学生、教师，也包括社会中的企业、学生家庭等，使评价主体朝着多样化方向发展，并充分发挥评价主体的工作效能，如此一来，才能使评价结果更加具有科学性与全面性。

（二）采用创新的方法，让大学生在工作中培养匠心精神

1. 创新高校大学生匠心教育的课程体系

通过设计丰富的、具有创造性的、具有实践性的、具有挑战性的课程，我们可以为大学生提供一种充满活力的、具有创造性的、能够满足他们实际需求的、能够激发他们创造力的课堂环境，从而让他们在实践中获得最佳的成果。

通过将匠心教育融入思想政治教育课程，我们可以更好地培养学生的创新能力，并将其作为一种有效的人才培养模式。这种模式应该从政策、意识形态、精神文明等方面出发，以实现思想政治教育与匠心教育的有机结合。通过将匠心教育内容纳入思想政治教育课程，不仅可以丰富学生的理论知识，还可以使其内容体系变得更加完善，从而提升学生的综合素质。

在专业课课程中融入工匠精神的培育要求。专业课的任课教师可以通过结合就业专业岗位的特点，帮助学生了解并分析工匠精神对于自己即将从事的行业所具备的重要价值和意义。同时，加强自身师德师风的建设，将工匠精神所包含的"爱岗敬业""精益求精""不断进取"等美好品质通过自己的言传身教，不断提升学生对工匠精神的认同感，以帮助学生在自己的人生发展道路上实现更大的突破。

通过将匠心教育融入职业生涯规划课堂上，我们旨在培养学员的职业道德和价值观，让他们更好地理解未来的职业，并有效地进行未来的规划。应该着力提升学生的心智能力，让他们拥有"大国工匠"中所描述的乐观、坚持、敢于挑战的勇气，以及持续探索的创造力。

2. 创新高校大学生匠心教育的教学模式

随着社会的飞速发展，教育理念和方法都需要随着社会的变化和需求改变。因此，教师需要采用创造性的方法，让课堂更加活跃和丰富。只有这样，我们才能真正掌握知识，让它们变得更加容易理解和掌握。为了提升当下中国高等院校的师资队伍，我们需要改革传统的教学方法。建议学生走出教室，多参与社会实践，并在实践中运用所学知识。这样，他们不仅能够更好地掌握"工匠精神"，而且能够更加深刻地理解"工匠精神"，并以认真、严谨、细致、精益求精的态度去完成每一项工作，从而

提升自身的精神文化素养。

高校的校园文化建设应纳入工匠精神的内容。通过校园文化润物无声地陶冶来培育高校大学生的"工匠精神"。通过主题班会和学校活动的宣讲，将工匠精神中的"爱国主义""爱岗敬业"内容，巧妙融入学校学生的培养当中；通过举办科技竞赛，创新创业比赛等活动，将工匠精神中的"开拓创新"融合到学生的科研活动之中；通过开展绿色环保等活动，把工匠精神中的生态文明价值观融入校园文化建设，为绿色校园贡献出一份自己的力量。

当今，拥有工匠精神的人都受到了人们的认可，因此当我们开展大学生的匠心教育时，就必须充分发挥榜样的示范作用。学校积极地将这些优秀的典型引入校园，让更多的学子从自身的实践当中获得启发，让自己的道德观念得到更好的熏陶，从而让自己的道德观念更加深入地融入自己的思想当中。

3. 搭建高校大学生匠心教育实践平台

通过建立良好的协同关系，推动学校与企业的深度交流，促进产教融合，对于提升大学生的创新思维、创造性思维、创新技术、创新素养等方面都至关重要。因此，高校应当积极发挥其在此领域的优势，加强对大学生的创新思维、创新技术的引领，让他们在职场中拥抱创新，在创造中获得更多的发展机会，最终达到完美的人格发展。

只有通过与企业的紧密结盟，才能有效地激发出大学生的创新思维，并且给予他们更多的机会去体验、探索、发现、创造，从而发挥出他们的最佳潜力。通过与企业的紧密合作，从而帮助他们树立起正确的就业、创新、发展的理念。高校的发展必须紧跟时代的步伐，并且必须满足社会对人才的日益增长的需求。因此，学院的专业和课程必须紧密结合行业的发展趋势，并且必须采用现代学徒制的方法，使学徒制能够更好地适应"工匠精神"的发展。

四、构建高校大学生中匠心教育制度管理体系

（一）强化文明校风建设制度

一所学校的文化氛围，即校园文明。它体现了教师、学生对于课堂、实验室及其他各种社会性的热情，以及他们对于社会责任的认可。这种文明不只体现了对知识的尊重，更重要的是它激励着每个学子追求自己的梦想，培养他们的精神品质，为他们的未来发展奠定坚实的基础。为了提升大学生的创新精神，我们必须完善和优化高等院校的良好传统。

校风的重要性无法被忽视，它既反映在学校的日常行为准则，又反映在整个校园的氛围。因此，我们必须努力提升我们的校园氛围。第一，我们需要制定一套严格的管理制度，来约束师生。第二，需要创造一个有利的环境，让学生能够更好地遵守"工匠精神"的原则，并且能够更好地保持"工匠精神"的精神。第三，应该采取措施来遏制那些不道义的、欺诈性的行为，并创造一个公平、公正的奖惩环境。第四，应该设立一个由关工委、教授、优秀教师组成的校园文化监管委员会，通过使用各种现代媒介来监管学生的思想道德，促进工人阶级的文化素养的提升。

另外，要积极地塑造充满工匠精神氛围的校园文化，可以与合作企事业单位举办"优秀企业文化进校园活动"，让学生积极参与此类活动，积极在校园内开展工匠精神系列讲座、"大国工匠"图片展，邀请各行各业的具有工匠精神的精英与学生座谈，邀请优秀校友回校做分享会等充满人文关怀的活动，讲述工匠精神典型案例，以榜样的力量鼓励每一个学生积极践行工匠精神，让学生提前在校园里感受到"精益求精""求真务实""严谨细致"的工匠精神，特别是加深低年级学生对于工匠精神的认识。在潜移默化的校风建设中培育一大批既有过硬的专业知识，又具有良好的人文素质与工匠精神的高素质的准职业人。

（二）加强优良学风建设制度

学风可以反映出学生的学习热情和态度，是衡量一所学校教育水平的重要参考。因此，我们必须加强对大学生的素质培养，建立健全的学风建设机制，以提升学校的整体水平。

首先,为了促进学生的健康发展,我们必须认识到,培养出健康的学习氛围需要所有人的努力。因此,我们需要在整个学校中构建一个有效的培养氛围的体系,并且加强对这一过程的监管和指导。

其次,应该丰富学风建设内容,完善考核指标。把学风建设所取得的成效纳入部门和教师的年终考核,对于积极维护学风的教师及相关部门应该及时表彰,树立优秀典型,对于败坏学风的现象行为应该勇于批评处罚。

最后,通过合理的沟通与交流,我们可以促进教师与学生之间的互助与合作,从而营造一个健康的校园文化氛围。教师需要把职责、责任、勤奋、创新的思维贯穿于整个教育活动之中,让每一位学子都能够从自己的行为、思想、价值观等方面获得正确的指导,从而营造一个正面健康的学习环境,激励他们创新探索进取,持续地提高自己的能力,从而实现自我的价值。为了更好地发展教育,需要积极地鼓励学生参与课堂活动,并且勇敢地抵制一切破坏教育氛围的行为。

(三)建立完善学生自我管理制度

"自我管理"一词源于英语,它描述了一个人如何掌握自己的情绪、态度、决策及日常活动。在这种情况下,人们可以利用自己的主观能动性来改变自己的态度,增强自信心,并且促使自己不断努力。这种方式在培养人的独立性方面起到了一定的作用。

实施一个完善的匠心教育制度,既需要各级政府机关及教育工作者的积极参与,又必须让每一位学子都有责任参与进去。在这一过程中,大学生的自律性、责任感及对于未来发展的把握,将成为评价一个人就业质量、职业技能的关键指标。为了培养出具有良好的职业技能和专业素养的大学毕业生,大学的学习和实践活动必须不断改革和优化,而且还需要不断探索和实践,使其成为一个具有良好的自律机制。

需要建立一套完善的班规制度。辅导员和班导师应该积极鼓励学生参与制定班规,这不仅能够减轻班委的工作负担,还能够让学生更好地实现自我管理和自我服务的目标。

学生社团的重要性不容忽视,社团可以为学生提供有益的榜样,激励他们积极参与学校的活动。特别是学生社团的负责人通常都是在校大学生，因此他们应该充分利用自己的优势，展示出他们的组织能力、协调能力，激励学生积极参与学校的文化建设，从而提升学生的自我管理水平。

学生公寓中心应该定期举办各种文化交流活动，如宿舍大评比，以增强学生之间的友谊，激发他们的责任感，培养他们自觉遵守学校宿舍管理规定的意识，提高他们的自律能力。

加强学生的自律意识，建立健全的自治机制，让学生能够更好地掌握知识，更加积极地参与日常的学习、教育、实践，形成良好的责任感，增进对法律的认知，培育出具有良好的道德品质的学生，激励其积极参与到各种社会公共事务当中，以此来培育出具备良好的职业道德，为未来的职场发展奠定坚实的基础。

身为未来的支柱产业，高校大学生肩负着推动经济社会前进的重担。因此，要让这些青年拥有更加健康的未来，就必须加强自身的道德修养，培养出具有创新能力的优秀青年。当今，为了迎接"工业4.0"计划带来的挑战，也为了让大学毕业生更好地融入社会，必须采取更加积极的措施，以便为其提供更加具体、更加贴近当下的技术支持，以及更加全面的素质拓展，让其具有较强的社会责任心、较强的创新能力，从而成为当今社会的建设者。

第三节　企业培育工匠精神路径研究

一、工匠精神的文化重建

如果没有一个健全的工匠文化体系，就无法培养出具有创新精神和高质量的产品，工匠精神就无法得到充分的弘扬和发展。如果我们能够把工匠精神融入文化中，并通过有效的制度措施来推动，这将为我国的工业和社会发展带来一定的推动力。

（一）将重塑工匠精神纳入国家发展战略，为工匠精神的弘扬塑造良好的文化氛围

将重塑工匠精神作为国家发展战略的核心内容，努力建立一个充满活力、充满激情的文化环境，以推动其传承和发展。

近年来，多次政府工作报告及相应的指令表明，中央党委积极推动、大力提倡并加强对工匠精神的重视。在当今这种充满活力的时代，推动工匠精神的传承与弘扬，需要全民共同努力，把它融入国家的发展规划中，让更多的公民参与其中，共同推动它的传承与弘扬。

（二）改革就业观念，鼓励年轻人培养自身技能，建设重视技能的价值观念

重新审视就业观念，鼓励年轻人不断提升自身技能，并将技能作为一种重要的价值观来看待。随着时代的发展，越来越多的人开始重新审视传统的"劳心者治人，劳力者治于人"的价值理念，并且改变现存的体制和政策，他们开始更加注重对劳动者的技艺和素质的提升，并且更加注重他们的职业发展、职业尊严。"现代社会对于人才的需求是多元的，大量操作性的岗位需要经验丰富、技术精湛的工匠。在德、日等发达国家，技术工人的社会地位较高，较受尊重，直接促进了工匠们不断打磨自己的产品、追求精益求精。随着我国体制机制改革的不断深入，社会主义市场经济将发挥越来越重要的作用，在生产一线真正创造社会财富的工人工匠的价值也将会逐渐凸显，工人工匠的职业威望也将会不断提高。"[①]随着社会的发展，对于科技匠人的需求日益增加，他们的技艺、能力、素养、知识水平等也都要有所提升。

（三）建立健全社会保障体系，切实保障技术工人利益

完善和优化社会福祉制度，确保技能劳动者的合法权益得到充分尊重和维护。促成工匠地位提高及工匠精神在社会层面上的回归，需要在社会保障体系的建设上给予必要的关注，从物质层面对工匠提供系统的支持。

---

① 李宏伟，别应龙. 工匠精神的历史传承与当代培育[J]. 自然辩证法研究，2015，31（8）：54-59.

在收入的安排上，可以为优秀的技术工人提供更合理的报酬和更优厚的税收条件，从而保证优秀技术人才的待遇问题。对于特别优秀的顶尖人才，地方政府还可以设立特殊津贴，直接增加其收入。通过社保、税收、补贴等，使技术工人能够享受系统性的、切实的制度化优待，让更多的年轻人自愿从事这一行业，可以在一定程度上缓解我国的"技工荒"现象。对高技术人才的特殊补贴也可以鼓励技术工人不断学习和创新，自觉提升自身的技术水平。在这样的保障体系和政策条件下，技术工人的利益得到了保障，工匠精神也会在工匠群体的壮大和进步中得到弘扬。

（四）用现代方法保证和拓展传统技艺的传承

随着时代的飞速发展，现代科学的迅猛崛起，许多古老的手艺人的职业前景受到了一定的影响。他们的手艺逐渐无法满足现代化的需求，而且相对缺乏有效的培训，他们的手艺也无法得到有效的保护，使得他们的职业道路受到了一定的阻挠。中国传统手工艺拥有丰富的文化内涵，在当今社会十分宝贵。因此，我们应该努力推动非物质文化遗产的保护，如设置相关的法律法规，并将相关的技能申请到国家的知识产权局，同时还应该开放一种公开的、易于沟通的资源共享平台。应当对工匠的贡献表示高度的赞赏，并且积极支持其继续发扬光大，让其中蕴含的智慧与创造力能够被人们接受，也让其中蕴含的工匠精神能够被世世代代的人铭记。

综上所述，为了让工匠精神得以更好地融入当今的社会，应当加强对它的认知，强调它的历史价值，并积极汲取外部的成功模式，以及各种有利于它的政策措施，以便更好地推动它的发展。通过积极推进"中国制造2025"的落实，积极发展工匠精神，积极传播工匠文明，以及建立健全的"中国制造"的制度框架，以期达到"中国制造2025"的宏伟目标。

二、工匠精神的企业重建

随着时代的飞速发展，传统手艺人的职责范围正在被更加先进的技术逐渐取代，而这些技术转移到了当今的大型企业。因此，企业应该加强对员工的培养，提升员工的职业技能，并且通过完善的人力资源规划，实施有效的管理，最终实现员工的职业价值。

（一）争取差异化竞争优势

从企业战略的角度出发，为了获取差异性竞争优势地位，企业应当弘扬匠人文化精神，以满足当今社会对特色、人性化产品的日益增长的需要。由于互联网的发展，人们的消费也在不断升级，传统的模式化和规模化的生产方式已不能满足当今的市场需求。"个性化定制""品种多样化"是企业根据用户个性化需要开展差别化生产经营的重要方法，这也是改革开放多年来我国制造业企业大多数采取的成本领先战略的集中体现。尽管"新常态"战略曾给中国制造业带来了显著的成果，但它也暴露出了客户满意度相对较低、产品差异化程度不够的问题。由于全球竞争的日益激烈，以及人口红利的减少，中国制造业若要实现质的飞跃，就必须摆脱成本领先战略的束缚，转而寻求差别化的发展之路。通过精心设计的定制服务，能够适应客户的多元化要求，从而使设计者和生产者都能得到更高的满意度。这样的服务不仅能够提升品质，而且能够建立优质的品牌，从而提高中国制造的竞争力。为了适应客户的个性化需求，企业必须不断努力提升自身的技能，精心打造出更加完善的服务，这也正是工匠精神的体现。

（二）发扬精益求精的企业文化

企业文化是一种独特的精神资源和物质生活形式，它不仅是发展的核心，而且是企业取得成功的基础。它涵盖多种内容，其中最核心的是组织成员一致的价值理念，它是发展的力量来源，更是企业成功的关键因素。通过强调匠人敬业精神，建立一种追求完美、不断挑战自我的文化，可以极大地规范并指导团队成员的行为，从而使每一位员工都尽职尽责地完成自己的工作，让社会对其所使用的产品更加满意，从而推动企业的发展与进步。在这种企业中，团队的领导者将拥有更加广阔的视野，并且可以抵御瞬息万变的市场变化，从而生产出高质量的产品。

拥有追求卓越的企业文化对于所有的团队成员来说至关重要，而作为高层领袖，他们需要以身作则，发挥典范作用。高层领导的价值观念与处世态度将对团队有着深远的影响，因此他们必须以追求卓越为目标，并且始终如一地把握着细微之处。为了更好地推进工匠精神的发扬光大，企业的领导层需要采取多种措施，包括举办各种形式的庆典、活动颁发荣誉证书、表彰优秀的员工、激发职场新人、激发职场潜力、提升职场竞争力，使得工匠精神深深植根于企业的文化之中，使得所有职位的人士都能够从实践中获益。

（三）做好人力资源的管理规划

个人作为工匠精神的媒介，必须让所有的员工都认真落实并继续这种精神。通过制定有效的人力资源策划、进行有效的培训，并给予合适的报酬，既可以建立良性的团队架构，又能让这种精神在团队内部得到广泛的推广。

1. 企业与学校合作

通过建立有效的协议，企业可以利用其独特的优势与高等院校建立联系，共同打造出良好的教育环境。学生不仅可以参加实践操作课程，而且可以通过参观企业的现代化建筑，了解最新的科研成果。通过系统的教育，不仅可以让学生掌握专业的理论，还让他们拥有良好的实际操作能力。此外，还要根据不断变化的市场需求，进行个性化的培训，包括更加全面的职位未来发展计划，以便让毕业生更容易找到适合自己的职位。通过专业的职业技能培训，不仅有助于提高他们的专业水平，而且有助于企业提升竞争力。此外，这种方式在一定程度上有助于缓解就业压力，减轻企业的劳动力短缺。

2. 加强员工技能培训

通过定期的技能培训、激励性的文化教学，既可以帮助员工掌握专业知识，又可以激发他们的创造性思维，从而使他们的专业素养得到大幅度的提升，从而获得更多的竞争机会，为企业的发展注入强大的动力。通过积极的宣传与教导，能够更好地唤醒并激发员工，使他们深刻领会工匠精神的价值，从而营造出追求卓越的团队氛围，实践追求卓越的企业价值观。

3. 建立合理的绩效评估和薪酬制度

企业应该构建一个精细的、可衡量员工表现的考核机制，用以衡量员工的贡献。许多杰出的员工选择辞职，主要原因在于无法获得预期的报酬，特别是那些需要大幅度提升自身技艺的高端员工，如果只依靠统一收入的报酬，会在一定程度上忽视员工的真正价值。因此，为了激励和促进员工的专业素养和创新思维，企业应该建立一套完善的薪酬制度，根据员工的专长和贡献，给予合理的回报，从而激励员工积极投身专业的研究和实践。此外，我们也应该给予那些在企业里表现突出的员工在经济、精神上的赞赏。

通过实施差异化的策略，加强对员工的规划与培训，使他们能够更好地为企业作出贡献。只有通过不断的努力，才能够真正唤醒并维护员工的创新意识，促进企业的长期繁荣。

三、工匠精神的个人重建

重建工匠精神，不只是为了满足客户的需求，更是为了激发工匠的自我追求。他们的工作态度能够深刻地反映出他们的内心，让我们在获取、使用一件产品的过程中，能够感受到他们的付出。

（一）提升工匠的技术能力

作为一名工匠，我们的主要任务之一便是制作产品。而掌握专业的技巧和知识则成为我们成为优秀的制作者的第一步。因此，我们必须拥有4项基本技能，分别是扎实的技术功底、注重细节的习惯、了解市场需求的能力及学习的能力。

1. 扎实的技术功底

要想获得认可，工匠必须掌握精湛的技巧，并且通过持续的努力来改进。只有通过持续的认真学习、研究、探索，才能够掌握最新的科学知识，并且创作出更加精致的作品。拥有精湛的技能水平是生产优秀产品的基础，这个能力需要持续的努力，通过持续的学习与实践才能得到提高。

2. 注重细节的习惯

完美的制造技术是非常关键的，制造者必须拥有出色的技术和专业知识。此外，他们还应该有追求完美、认真负责的工作态度。为了确保任务的高效完成，制造者应该提早做准备，并熟练掌握所有必须使用的技术和材料。细致入微是一切事物的基础，它不仅可以改善产品的质量，而且可以提升其价值。因此，要想创造优质的产品，就必须把握好每一个环节，把握住每一个细微的步骤，以达到极致的效果。

3. 了解市场需求的能力

了解并紧跟市场的需求是弘扬工匠精神的又一个具体要求。工匠生产产品的最终目的是供用户使用并满足用户的需求，工匠和用户之间有一种天然的联系。工匠为了真正满足用户需要，须设身处地了解用户需求，并以此为出发点来完善自己的产品。在生产周期短、产品更新换代速度快的今天，用户的消费水平和欣赏水平也日益提高，对产品质量品质的要求也越来越高，对客户需求的了解和尊重也就显得越发重要。一个工匠立志"十年磨一剑"，花费大量的时间磨炼自身的技艺并制造商品，但不关注新的行业和流行趋势，其技艺和产品可能就会渐渐变得不合时宜。匠人要通过时代的变化、生活品质的变化、审美的变化不断更新自己的产品，工匠精神所代表的不只是回归传统，一味地致敬经典，而是以传统为起点，结合时代的发展，不断更新和进步。为了在市场上持续发展，我们必须及时获取用户的反馈，不断调整产品，并不断改进，以达到更高的水准。

4. 学习的能力

拥有持续的学习和创造性思维，以及积极探索的勇气，都是一个人成功的关键。只有通过持续的实践和探索，才有可能打造出卓越的作品，并且在实践中获得成功。为了跟随全球汽车制造的先进水准，该技术团队正在努力开发六代新的产品，并且将其生命周期定为5年，而不是30年。第一代产品的开发必须以深度的理解为前提，因而工程师必须全面掌握并融会贯通西方的先进技术，将其与中国的历史、实际应用、审美观念相融合，以实现创造性的改变。一旦第一代产品被推向市场，就必须及时调整其设计，以满足消费者的期望。随着全球竞争的日益激烈，我们必须及时采取措施，以便能够迅速提高我们的生产能力。第二代产品已经把这些知识融合了，而且我们还要继续努力，以便能够跟上世界的步伐。通过持续的研发，我们的第三代产品也能够实现这一目标，从而使我们的生产能力与世界顶尖的企业相媲美。通过深入研究和掌握最前沿的科技，结合中国消费者的实际情况，持续推动技术的发展，以满足中国消费者日益增长的需求，就是一名优质的工匠。

（二）培养专注产品的意愿

对于一名拥有精湛技艺的工匠，他们不仅应该拥有一种热忱的去探索、挖掘、改进的精神，更应该拥有一种能够从实践中体会到的成功、负担重大的使命，并且能够从所取得的回报中受到满足的心态。

首先，我们应该把精力放在如何完美地完成一件事情上。我们应该深入探究生产制造的每一个环节，并从中获得满足。我们应该不断改善我们的技术，以便我们的产品可以满足消费者的需求。我们应该不断学习，以便我们的产品可以满足消费者的需求。我们应该不断努力，以便我们的产品可以满足消费者的需求。虽然外界可能认为它们毫不起眼，但对于工匠来说，它们却是一段宝贵的经历，让他们获得了满满的荣耀与快乐。

其次，优秀的工匠对于自己所从事的职业有一种责任感和使命感。工匠精神是一种理性的认同，是知行合一的行事方式。卓越的工匠对于自己的工作始终怀有敬畏之心，重视和尊重自己的职业，也往往肩负着传承和推广的任务。一丝不苟、精益求精地制造产品不只是他们的个人行为，也是一种责任的传承。在许多传统行业，徒弟在拜师学艺时要向祖师爷和授业的师父行叩拜大礼，这一礼仪既是对恩师的尊重，也是让还未真正开始学艺的徒弟明白自己所要肩负的责任。"师者，所以传道授业解惑也"，优秀的工匠身上体现着一种"道技合一"的人生追求，"传道"在知识的传授方面是第一位的，徒弟心里有了"道"，便会有一种责任心和使命感，自然会自觉提升自己的技术水平，全心全意地从事自己的技术活动。

最后，对于那些坚持把精力放到产品上的人而言，他们的热情源于他们从持续的生产与加工中获取的成就，而这种成就又能够激励他们更加努力地去提升他们的工艺水平，从而使他们能够更快地完成他们的任务。为了达成完美的效果，工匠不仅需要投入大量的时间与精力来审核产品，而且需要经常倾听消费者的意见，并且不断探索如何提升客户的满意度。这些人通过不断学习、实践、创新，将技术、文化、责任、使命融入一个个体的行动当中，从而激励他们追求卓越，追求完美，实现自我追求。

综上所述，通过不断的技术训练、细致的工匠态度、深入洞察用户需求、不断学习和创新，工匠会在专注于产品的热情、从工作中获得的成就感及长久的收益等方面发挥出最大的价值，从而重塑出一种全新的工匠精神。

第六章　传统照进现实：匠心的当代表达

第一节　当代工业高技术背景下工匠精神及其多维表现

一、工业高技术条件下手工艺的新时代特点

20世纪80年代，随着信息技术的飞速发展，传统的工厂经营方式已经被智能制造和数字化管理逐渐取代，这使得人们的日常活动更加智能、自由、灵活。这种智能制造的过程，也使得传统的手工制造和工作流程变得更加先进、更加灵活。

（一）技术创新的速度不断加快

马克思主义认为，现代工业生产不只是一种现有的生产，而是一种变革性的技术基础，它不断地改变着劳动者的功能和劳作程序，使其与社会发展相结合。这种技术基础不仅改变了机械、化工工艺和其他技术，而且也改变了传统的方式。由于近代科学技术的进步，创新和科学研究成果转换为产品的速度变得越来越快，产品时间也变得愈来愈短。在18世纪以前，技术转化的时间通常超过70年，而在19世纪，技术转化的时间大约在40~50年；在20世纪前半期，技术转化的时间大约在10年左右；而在20世纪后半期，技术创新和转化的时间一般在1~3年，如集成电路的转化时间可以达到3年，这表明技术的发展和转化已经取得了巨大的进步，使得商品的生产周期变得更加短暂。这一变革得益于政府、社会及科技企业的持续支持。根据联合国教科文组织的统计数字，20世纪以来，世界科研开发的总金额已经翻了将近一番，其中，国家级的科研机构及民营科技企业的参与更是显著，他们正在以更高的效率推进科技的进步。随着对研发的持续增

长，技术的进步也将变得更为迅速，因此企业需要持续提升自身的知识储备，培养出良好的创新精神。

（二）生产工艺及其设备的知识含量高

近年来，由于计算机、集成电路、微电子、信息自动化的飞速进步，现代的生产设施已经实现了从传统到现代的转变，从简单到复杂的过程也在加快。为了满足现代企业的高标准，一线的员工必须掌握较高的数学、逻辑思维、语言表达及其他相关的专业技能。随着现代社会的发展，许多重大的尖端技术，如交通、军事、航空航天，都需要大量的高精密的零部件来支撑，而传统的加工方式往往难以实现。因此，采用先进的自动化数控机床，可以大大提升加工效率，实现更加准确的加工。为了达到最佳的运行状态，操作者应当掌握基本的原则，并且拥有较强的深入思考和分析的能力。除了拥有扎实的专业基础外，还应该积极参与日常的生产和管理，以便及时发现和处理各种挑战，以达到最佳的运行效果。

（三）生产技术的系统性和综合集成度持续提高

随着计算机、信息、传感、自动化和先进管理技术的引入，传统制造工艺也发生了一定的变化，使得当今的工业生产变得更加系统化。以当今的先进技术制造业领域为例，过去的生产技术学科课程不但简单，而且彼此之间的界限也越来越模糊，但是随着新兴技术的出现，这些界限正在被打破，使得当今的工业制造变得更加多元化，更加灵活，更加具备操作性，更加具备发展潜力，更加具备可扩展性。由于科技的进步，高新技术正在朝着集成化和系统性的趋势蓬勃发展。在当今的高科技环境中，多种高新技术的结合已经成为解决复杂系统问题的重要方法。

（四）接受学校教育的专业技术人才比重增加

随着时代的进步，职业院校和综合性大学的数量不断增加，这些院校也在努力培养更多的专业技术人才。尤其是在国家推行建设应用型本科高校的政策下，这些院校的技术类专业更加丰富，为社会培养了大量的专业技术人才。随着科技的进步，专业技术人员在经济创新中的地位日益提升。以手机制造为例，从设计到开发、再到最终的生产，几乎所有的环节都需要由专业技术人员来完成。

二、当代工业高技术背景下工匠精神新内涵及其多维表现

随着自动化和智能化的发展，高技术生产比以往任何时代都更需要工匠精神——精细、专业、敬业、诚信的工作态度。

（一）新时代的中国工匠精神

随着社会的进步，中国的工匠精神不仅拥有普遍的价值观，更拥有独特的魅力；不仅延续着中国古老的技艺，而且汲取着国际先进技术；不仅满足着国家的经济社会发展的需求，更能够推动中华民族的伟大复兴。这种独特的技艺，不仅是中国古老的技艺，而且是中国社会的智慧结晶。

1. 追求卓越品质的精神

"精益求精，追求卓越"的理念是以卓越的品质为基础，并将其作为工匠精神的核心。新时代工匠精神要求工匠在工作中能够持续地关注和追求卓越品质。这就要求工匠具备一定的创新能力和实践能力，不断寻求和发现全新的解决方案，使工作能够更加高效和精准。

2. 精湛工艺的追求

精湛工艺是工匠精神的重要表现，新时代工匠精神要求工匠具备精湛的工艺技能及持续增强的意识。工匠不仅要在每个环节都要保证高质量地完成，而且还要不断优化和完善自己的工艺流程。

3. 团队协作的意识

新时代背景下的工匠精神要求工匠有很强的团队协作精神，这是团队共同前进的集体力量的体现。在团队合作中，工匠需要有彼此信任和协作的精神，不断凝聚和利用集体智慧，共同解决难题和提高工作效率。

4. 职业道德的重视

作为新时代工匠精神的重要组成部分，职业道德要求工匠具备高尚的品德，并且以此为指导。工匠要具备良好的职业道德，不能为达成私利而损害集体利益，也不能利用手中的技能和知识向外部泄露机密信息。

5. 不断学习和完善自己

工匠精神要求工匠不断学习和完善自己，不断充实扩展自己的知识和技能储备，以便更好地适应市场需求和技术更新。工匠应该积极参加各类

培训和学习活动，自主学习和研发，不断提高自己的竞争力和专业水平。

（二）高技术背景下工匠精神的多维表现

工匠精神是人类进步的核心驱动力，在当今高科技时代，它的多样性表现在以下四个方面。

1. 团队协作

高科技不仅是一种单一的技术，而且是一系列复杂的技术群体，其中包含许多不同的子技术。因此，为了实现高科技的最佳效果，必须建立起一种更加紧密的团队合作关系，以便实现更加细致的专业化分工。

2. 创新

由于科技的进步和信息的传播，各种各样的市场需求正在被互联网所改变，这也促进了工厂的个性化和灵活的定制。为此，人们对于优秀的生活方式的渴望也越来越迫切。当今的人们希望能够拥有一种全面的、具有深刻的、独特的、有趣的、能够满足他们各种各样的需求的产品。这些就需要技术工人具有两种实力，分别是"硬实力"和"软实力"。"硬实力"强调了技术工人的专业能力和创造性思维，"软实力"提醒我们，无论什么情况，工匠都必须拥抱变革，以求达到更好的效果。特别是在当今科学发展的大环境中，更加强调了创造性思维的重要性。由于科技的发展，智能手机每隔大约 1 年的时间就完成更新换代，这也充分展示出创新是当今工匠精神的主旋律。在当今的科学发展环境中，中国的制造业正在展示出其强烈的自信心、独立性和合作性，从过去的外来模仿，到今天的本土化，都在彰显着中国人的创新意识和活力。

3. 敢于担当

随着现代科技的发展，大多数工匠的职责变得更加重要。他们不仅要求自己拥有高超的技能，更要求为国家和人民带来更多的福祉，实现崇高的理想。

4. 强调个性，勇于彰显自我价值

随着科技的进步，互联网已经彻底颠覆了传统的商业模式，让人们能够轻而易举地获取和掌握许多专业技能。此外，它还极大地推进了消费者的便捷性，让人们能够随时随地地将自身的作品推向市场。为此，"电商化匠人"等App纷纷涌现，为一些有志者创造了一个更加开放、更加灵活的创作环境。"电商化匠人"提供了一种新型的方式来让消费者体验到艺术之美，不仅是App内部提供的视频、照片，还能够让消费者深入探索艺术家背后所隐藏着什么样的精神世界，从而获得更多有意义的体验，并且这些艺术家能够根据个人的兴趣爱好，独立创造、销售自身的艺术作品。随着科技的发展，越来越多的消费者开始使用手工艺App了解和感受到匠师的创作和传承。这种新型的方式既为匠师带来了更大的收获，又为全社会提供了一种新的视角，让我们一起探索和发掘传统文化的魅力。

自古以来，中国的工匠传承一直延续至今，它们既为我们提供了宝贵的物质财富，又塑造出一种独具魅力的工匠精神。如今，伴随科学技术的发展，我们应该把这种追求卓越的专注、忠贞不渝的道德准则、尽心尽责的责任感、乐此不疲的热情服务、敢为人先、敢为己任的进取心，融入我们的日常生活当中，以此来推动我们的国家蓬勃发展，为我们的国家带来更多的繁荣与蓬勃发展。

第二节　陶瓷工艺实例

一、陶瓷工艺特有的工匠精神内涵

作为工艺与艺术完美融合的陶瓷艺术，其所包含的工匠精神具有非常丰富的内涵，基于陶瓷艺术发展的独特性，其大致包括以下四方面内容。

（一）师道精神

传统的陶瓷艺术传承方式，既包括子承父业，又包括师徒相授，这些传统方式都遵循严格的口传心授的原则。虽然这种传统方式存在一定的缺陷，容易导致技艺的流失，但它仍然是古代陶瓷艺人学习技艺的唯一途径。因此学徒从小就开始向师傅学习陶瓷技艺，他们勤奋刻苦，尊重师傅，这也是对陶瓷艺术的尊重，如果不尊重师傅，就会失去成功的机会。

当今，陶瓷艺术的师道精神已经不只局限于传统的家族和师徒关系，而已经拓展到陶艺教育领域。随着陶艺教育在当代大学中的普及，大量的陶艺专业人才也应运而生，他们也应该尊重传授文化和技艺的高校教师，建立起和谐的师生关系，以便更好地学习和创作陶瓷艺术。

（二）敬业精神

古代，陶瓷的创作历经漫漫岁月，尤其是明清两代，陶瓷匠师不断努力，精心打磨出精美绝伦的陶瓷艺术精品，这些精美的精致的作品不仅遍布中原，更远播到海外。

当代陶瓷艺术家必须坚持严格的工艺标准和审美标准，以便将每一件作品都做到极致。为了实现这一目标，他们不仅要求拥有高超的手工制作技巧，而且要求拥有一个敬业的心，也就是一种热爱工作、专注于任务的精神，以便不断地完成自己的任务。

（三）创造精神

古代陶瓷艺术工匠的创作技巧不只局限于模仿，他们通过反复实践和改进，将自己的技艺提升到新的高度，这是他们智慧的结晶。

近年来，随着文化创意产业的蓬勃发展，当代陶瓷艺术正在迈向自由创作的新阶段。这种趋势为当代陶瓷艺术的繁荣发展带来了积极的影响。

（四）实践精神

古代陶瓷艺术工匠从一开始就是在实践中不断地学习与提升，不但需要对师傅传授的技艺加以反复训练，还需要大胆地实践自己创造性的想法。尽管他们的理论指导非常有限，但是依靠反复实践而积累了丰富的经验与教训，在不断揣摩与领悟中努力掌握与提高制瓷技艺，在实践中加以检验。当代陶瓷艺术创作者具有更加优越的科技条件，能够更好地实践自己的创意。

二、当代陶瓷工艺传承人的历史使命

（一）继承与弘扬传统陶瓷艺术精华

几千年的陶瓷文化是中华民族的象征，当代陶瓷工艺传承人要研究传统陶瓷文化，让它得以传承并发扬光大。保护传统文化是现代陶瓷发展的基础，只有这样我们的现代陶瓷才能在未来继续成长。

（二）挖掘传统陶瓷工艺，开发新的陶瓷品类

通过深入研究传统陶瓷工艺，不断探索新的陶瓷产品类型。继承传统不只是把它们当作宝贵的财富，更重要的是要发掘它们的精髓，并不断创新。这也是中国陶瓷业发展壮大的关键所在。

（三）弥补近代陶瓷文化空缺

近代中国陶瓷的衰落是由于历史的原因，但为了使中国陶瓷能够继续发展，我们必须从文化的角度来弥补这一空缺，重新振作起来。

（四）回归民族文化体系

重塑近代陶瓷的发展模式，让它重新融入民族文化的框架中。由于长期缺乏文化滋养，中国陶瓷工艺曾经取得一定的进步，但却并不完善。这主要是部分陶瓷艺术家沉迷于西方现代文化和审美观念，在一定程度上忽略了中国本土文化和民众的心理需求，从而导致了过度西化的现象。虽然中国传统陶瓷艺术的材料和技术可以为陶瓷艺术提供基础，但它们也不能完全代替艺术的思想表达。因此，如今要做的就是去矫正，让它回归到民族文化的主线上来。

（五）创品牌，出精品

要想立足世界，要想让全球各国认可，当代陶瓷工艺传承人唯一的出路就是创立属于自己的品牌，创作陶瓷精品。

（六）树立杰出典范、引领陶瓷艺术工匠精神

在全面关注和提高陶瓷艺术地位的基础上，努力树立陶瓷艺术典范，如树立杰出的陶瓷艺术大师榜样。陶瓷艺术大师以其卓越的艺术才华、精湛的技艺和无私的奉献精神，成为陶瓷行业的典范，激励着更多的人追求卓越。

（七）加强制度建设，使陶瓷艺术工匠精神具体化

目前，陶瓷艺术正在由浮躁的井喷式发展逐渐纳入正常轨道，但是各种相关制度仍然有待于进一步完善，特别是相关的细节需要更加具体并落实到位。这些制度包括职业资格认证、职称评定、荣誉称号评定、陶瓷艺术行业标准等。由于陶瓷工艺的复杂性和多样性，制定一套完善的行业

标准显得尤为迫切。这些标准不仅可以作为陶瓷艺术工作者的入门门槛，而且可以为他们提供更高的职业操守要求，从而更好地激发他们的工匠精神，让他们在弘扬工匠精神的过程中更加自觉、更加努力。

三、陶瓷工艺传承与创新——以景德镇为例

景德镇陶瓷工艺是现代陶瓷创作的基础。景德镇陶瓷工艺拥有悠久的历史，并且经过千年的发展形成一套完整的制瓷工艺流程。这些流程既高效又有序，体现出历史的传承价值，也是独一无二的。景德镇瓷器的独特之处在于其优质的瓷土和精湛的制瓷技艺，这使得它在国内外享有盛誉。景德镇陶瓷的工艺水平也是不容忽视的。如今，景德镇现代艺术陶瓷的许多陶艺家正努力恢复明清时期的传统品种和烧造工艺，以达到当代的高标准，提供更加精致的艺术体验，并获得更多的文化认可。景德镇陶瓷的传承者不仅继承了传统的制瓷工艺，而且还努力开发出具有现代特色的现代艺术陶瓷，以满足当代人的审美需求，同时也充分利用景德镇的传统制瓷技艺，使之更加完美。

景德镇现代艺术陶瓷的发展需要借助于传统的制瓷技艺，以此来实现对当代社会的转变和创新。

景德镇的古老技艺可以通过继续保留、改良、完善等方法来提升其当代的文化价值。但更重要的是，我们应该把这种技巧融入当代的文学、美学、历史、社会等领域，以更加丰富的视角去探索景德镇的文化内涵，并将其融入当代的文学、美学、历史等领域，以此来推动景德镇的文化复兴，为当代的文人墨客提供更加丰富的文学素材，以及更加符合当代社会的文学审美，以此来激励更多的人去追求个人的文学梦想。

通过对各种技术细节的深入研究，景德镇的现代陶瓷艺术家能够更好地将其独到的艺术思想融入他们的作品之中，同时也能够利用瓷器的天然优势，将其融入他们的创意之中。为了迎合现代消费者的需求，我们不断改良和创新设计，可以通过结合传统的手工技巧，如刻、塑、捏，来增强设计风格。还可以把现代的绘画、雕琢和黏土等方法结合起来，让设计更

具有现代感,让消费者能够欣赏到我们的现代艺术陶瓷。通过将精美的釉料技术融入传统的文人画之中,将开光部分的釉料覆盖起来,而将其余的区域采取不施釉的方式,或是采取哑光的技术,营造出不同的视觉效果,更有可能采取贴金的方式,这样就能够将传统的古典美融入现代的设计之中,展现出一种充满活力且富有现代特征的美学效果。通过对制瓷技术的全面掌控,他们在挑选原材料、压实模具、涂漆、焙烤等步骤中,表达出他们对大地的尊重与对生活的挚诚。通过将火与土的熔炼,陶艺家将其转化为一种活力四射的、充满活力的生活方式。他们必须从传统的技法出发,探索出各种各样的技法,如胎、釉的混合,并且努力确保技法的可行性,以便让他们的作品具备独特的魅力,从而达到最终的陶瓷艺术创新。

因此,我们应该致力于通过改进制作技术来提升现代艺术陶瓷的文化含量,并将其应用于更多的领域。这将是景德镇现代艺术陶瓷能够在保留和发扬优秀传统的同时,实现其现代转型的重要因素。

景德镇现代美术瓷器的工艺技术革新不仅能够扩展它的表达性特征,而且能适应现代人对它的视觉需求和理念表达。随着传统文化语义的逐渐消失,视觉效果已经变成衡量现代艺术作品的标准。景德镇现代陶艺家正在努力探索更多的表现形式,以适应现代人对美的追求,而工艺技术的革新则是实现这一目标的关键。陶瓷艺术的语言源于其独特的造型、釉色、装饰,它们在高温下融为一体,构成一种完美的视觉效果。通过运用多种手法,如形状、颜色、纹理等,陶器家在三维立体空间设计中展现出他们对美学理念和文化精神生活的要求。他们在遵循瓷器本质的同时,不断地探求和尝试新的语言和表达方式,终于产生了独具特色的风格。"窑内所出釉之正色"是一种高温色釉,它的熔融温度介于1320℃~1340℃,能够产生流动、变色和色彩变化。这种颜色通常被用来装饰景德镇的传统瓷器,或者是通过绞胎技术制作的坯胎。景德镇的现代艺术家们将这种颜色运用到他们的作品中,呈现出丰富多彩的风格。这种颜色具有强烈的视觉冲击力,并且能够体现出景德镇瓷器的独特工艺和优质材料。此外,艺术家们还在尝试使用釉下彩绘来实现工艺创新。通过运用中国画的泼墨技法,我们可以将多种颜色的釉料以泼的方式涂抹出大面积的色块,这样不仅可以使它们完美地融合，而且还能创造出丰富多样的肌理效果。接着，我们可以在这些釉料上绘制出精美的人物、花卉等艺术形象，从而创造出特有的艺术风格和强烈的视觉冲击。

第三节 漆艺实例

漆艺曾经是中国最具代表性的技艺之一，有几千年的历史，从古至今，与人们生活息息相关。虽然食用漆器被陶瓷所代替，但其他漆器装饰一点也不逊色。漆艺的材料的珍贵性和精湛的技艺，使它成为一种令人惊叹的艺术形式。它的材质、纹理、色彩等特点，使它在传统工艺中独树一帜，并且可以通过多种载体进行展示。漆艺技术可以应用于各种材料，包括木头、塑料和陶瓷。这些材料具有很高的可塑性和丰富的种类，因此漆艺技术能够应用于各种制作器皿的表面。

漆艺作品天生就富有沉稳的东方气质，端庄大气，是深受东方人的喜爱一件精致的漆艺手工艺品，其蕴含匠人的热情、智慧、精神，不仅体现了中华民族的传统文化，而且激发了人们对传统价值的思考，以及对传承的重视。为了更好地保护和传承漆艺文化，我们应该以保护原生态的艺术、保护漆艺非物质文化遗产为前提，努力提升自身的技艺，加强对传统技艺的研究，以此来推动漆艺文化的发展，让它在新常态下得到更好的传承和发展。平遥漆器艺术的传统和精髓永远不会改变。梁中秀说，精品路线也是漆艺文化发展的最优之路。传统工艺是中国文化的一种承载，必须要把平遥漆器的核心工艺，充分发掘，认真研究，用传统的工艺注入现代人的文化理念、艺术审美，创新平遥漆器，做出精品。艺术家们应该努力创造出独特的作品，使它们与众不同，与大规模生产的日常用品不同。同时，传统工艺美术品市场虽在新常态下有所缩小，但随着人们的生活水平的提升，人们的文化水平和审美水平也在相继提升，对传统工艺美术品的需求自然也会逐步得到改进。只要以现代人的文化理念和审美观念去创新，找回工匠精神，做好做精产品，一定会有很好的未来。

第六章 传统照进现实：匠心的当代表达

随着当今世界的不断进步，传统的漆艺技术仍然保留了其独特的魅力，并且受到了越来越多的关注。当代的漆工艺以全新的方式呈现，无论是技术还是材质，甚至是外观，都取得了一定的进步。

一、新的生产工具所带来的创新

随着科技的发展，机械化大生产为当代漆艺创作带来了前所未有的便利，电动工具的引入更加丰富了漆艺的创作形式，为漆艺创作注入了新的活力。例如，当需要制造"莳绘"中的漆粉、贵重、少量材料时，只能使用家庭用的榨汁机，而球磨机则能够用来碾磨各类矿石物质颜料和各类粉状物体原料。在古代，人们通常需要手工来完成打磨工作，但现在随着技术的发展，打磨机已经成为一种高效、省时的工具。例如，砂带机能够用来打磨一些小型物品，而且在涂漆和刮灰之后，也能够迅速而准确地完成打磨。砂轮机是一种用于打磨和修剪硬质材料，如金属和木材的设备。乳色漆机是一种用于搅拌颜色的设备，它能够更精确地调制小规模的颜色，并且能够切割木材和板材，用于制造胎底。通过使用先进的电动工具，如苯板切割机、打孔机、吸尘器和电磁炉，我们能够更加方便地切割苯板。这种工具不仅能够节约许多制作时间，而且还能提高效率。通过引入电动工具，漆艺作品的制造变得更加高效、精致，让从业者在一定程度上摆脱了重复的体力劳动，获得了更加完美的视觉效果。"工欲善其事，必先利其器"，工具和设备是漆艺创作的基础，也是其成功的关键因素。它们不只是漆艺美学的重要组成部分，更是将漆艺创作理念转化为现实的坚实支撑。

二、材料方面的创新

当今，漆艺作为当代手工艺的重要组成部分，既要求保留古典的精髓，又要求探索更先进的技术。与其他形式的艺术形式相比，漆艺的材料更加多样化，更具挑战性，而且拥有更加完善的传统制作工艺。随着社会的经济和科学的快速发展，许多新型的化学合成涂料应运而生，它们的出现大大改变了传统的涂抹方式，并且为涂抹艺术提供了新的可能性。这些新型涂抹方式的出现，大大拓宽了涂抹的范围，为涂抹艺术的发展作出了一定的贡献。现代漆艺的发展，聚氨酯漆和其他现代工程材料，如塑料、玻璃钢和铝，都得到广泛应用。四川美院的陈恩深勇于挑战传统的漆艺方式，他的研究和实验取得了一定的进步，他的作品为当代漆艺的发展奠定了坚实的基础。"沙绘法""拓叶法""流云法""灰料直绘法"和"铝丝表现法"等技术的出现，为漆艺的普及和提高作出了重要贡献。

此外，新漆料的应用，如腰果漆和合成漆，入漆颜料的应用也非常便捷，价格也相对较低。因为化学涂料的组成具有较高的不确定性，尤其是两种组合物之间的混合物，更可能会发生化学反应，从而导致涂料出现变形、褪色或者其他严重的副作用，对艺术家的创意和艺术价值造成极大的破坏。只有我们深入了解和掌握这些原理，才能将它们转变为可行的创意和艺术形式。经过多次的尝试和深入的探索就会发现，使用两种不同的化学涂料，如"咬漆"，就像使用水墨涂料一样，可以达到出乎我们预料的效果。天津的"擦色"彩绘点螺银嵌、四川的雕填平磨、扬州的螺钿镶嵌工艺，这些创意的设计，源自将最先进的科技与最具特色的传统工艺相融合，使得这些创意的产品，如同景泰蓝一样，色泽鲜艳，质感柔和，更具视觉冲击力。这些创意的设计，既展示了漆的革新，又为人们带来更加美妙的视觉享受。当代的漆艺家勇敢地挑战传统的手工工艺，他们利用腰果漆、合成化学漆等新的材质，将其融入他们的工具中，形成一种全新的、丰富多彩的漆艺风格。材料的创新还体现在胎底材料也在不断地更新，在传统漆艺原有的木胎、皮胎、陶胎、脱胎等基础上发展出来新的种类。压制胎是现代的工业技术和现代化的工业材料发展的新型产物，一般是用塑料等物质材料，模具冲压、吸塑而成。多用在批量化和规模化的日用品漆器上，由于价格低廉，适合一般大众生活需要，有一定的市场；玻璃钢胎，也是现代化新兴的产物，适合大型的漆艺产品，玻璃钢的代入扩大了胎底造型的多样性；苯板胎也是当代漆艺作品的一种常见胎底。在不久的未来，科技进步还会为漆艺创作带来更多的新型材料。将来的漆艺也将因为材料的变化发生性质上的变化，其古老的概念和性质将被修改、更新，向着复合材料的方向发展。

三、个性化创作的创新

传统的漆器制品强调技巧的完善，其内容多是抽象的自然元素，与日常生活脱节。它们的外观常常停留在古典的建筑物、人物的雕塑，而不是具有独立的文化气息的自然元素。因此，我们需要更加关注如何将传统的技法与当代的文化元素相融合，并且充分发挥它们的独特魅力。当今的漆艺界，虽然仍然有许多人对其设计概念感到困惑，但大多数人都不愿意放弃"跟风跑"，尽管这与他们的原本目的相悖。许多传统的理论书籍和教科书只注重对其方法的介绍，而对其作品的深入研究却被忽略。如果一件作品缺少独特的设计，无法吸引观众的注意力，并且缺少热情，那么它将无法吸引所有的观众。因此，我们需要通过当代的手工制造业来推进漆艺的发展，并将传统与现代的元素完美地结合起来，让它们与时俱进，并且保持与时代的同步。为了打破传统的限制，我们需要重新审视当代漆艺的设计与创意。我们需要拓宽它的范围，并且要让它具备足够的活力。我们还需要鼓励对于新颖、挑战的、具有革新意义的作品的尝试。此外，我们还需要对它的外观、色彩进行细致的研究，以满足当代观众的需求。通过对日常生活的深入探究，我们可以更好地理解和感受它，并将其应用于设计之中。通过创作，我们应该展现个性化的作品，挖掘其中的深层含义。例如，使用当代漆艺来展示人与世界之间复杂的关系，以及当代人面临的各种挑战。还可以尝试使用科技和未来的主题来进行超现实的创作，并将社会主义给中国带来的巨大变革，作为创作题材。这些主题都是当代漆艺创作中独特且富有个人风格的新领域。

四、漆艺中工艺和艺术并行发展

漆艺作品既可以作为一种传统文化的象征，又可以作为一种创新的灵感源泉。它们之间的联系不只局限于传统的文字，而且还可以通过创新的方式来传达出新的思想，从而激励人们去探索新的可能性，并将其转变为一种独特的文化形式。"工艺"强调的是生产过程中的技巧、原材料和实际应用，而"艺术"则关注的是产生的想象力和感染力。当代漆艺的成功取决于对工艺的深入研究，并结合当代材料的选择、优化的生产流程及对艺术的灵活运用。

第四节 竹编工艺实例

我国传统六大编织包括竹编、藤编、草编、棕编、柳编、麻编。竹编工艺是一种融合自然界的优秀特征与人类的聪明才智的创造性技术，它体现了自然界的客观规律与人类的主观创造力的完美结合。中国的竹编工艺拥有悠久的历史，可以追溯到战国时期，它不仅拥有丰富的历史文化底蕴，而且还拥有精湛的技艺水准。随着时间的推移，竹编工艺品已经成了我国人民日常生活中不可或缺的一部分，它不只是为了满足人们的日常生产和生活需求，更是为了创造出更多的实用性和艺术性的物品，它反映出古代人们简单、朴实的价值观。竹编制品不仅具有独特的文化内涵，而且还蕴含丰富的生活体验。它们不仅是中华民族传统手工艺的精华，而且是民俗文化和日常生活的完美结合，是一颗闪耀的明珠。

一、传统竹编工艺流程

竹编制作的第一步便是挑选竹子，应该结合不同的需求，从而确定最佳的竹子种类。如在制作更加复杂的竹制日常用品，应该使用优良的竹子如毛竹、水竹；而在制作一些简单的工业制作工具，则应该使用价值更高的慈竹、篙竹，它们的产量更多，而且质地也更加优良。竹编制作过程中，第二步便是挑选合适的工具，以确保制作的质量和效率。因此，必须使用各种专业的工具，如手锯、篾刀、刮刀、刮刨等，以确保制作的高水平。通过使用各种不一样的工具和技术，竹编制作者的智慧和技能为竹子注入活力，使其变得更有趣、更有意义。他们把竹子制作成各种各样的装饰和家居用品，使得每一件作品都充满了个性和魅力，在一定程度上超越了传统的工业制作。

在准备完所有必需的原料之后，接下来便可以开始精心雕刻出精美的竹篾，这个任务非常艰巨，因为它必须经历8道精细的工艺流程，从锯断竹节到分割，到刮去表面的青苔，再进行劈篾、切割，最后进行混合。经过精心的加工，所生产的竹篾篾片，其大小、质地、厚度均大相径庭，最轻的只能覆盖1厘米的表面，而最重的则能够将3厘米的竹篾篾片织满150根，简直就是一种极致的美感。

经过精心加工，竹丝篾片可以被用于制作各种不同的器物。虽然每个人的制作方法都不尽相同，但基本的编制步骤都是一致的。其中，水平编织和立体编织的工艺差别很大，本文将以立体编织为例，详细阐述竹编的制作流程。首先，根据器物的特殊性质，采用适当的技术编制出其底部；其次，根据器物的实际用途，编制出其外形、纹理，完成外形的编制后，进行转口处理，将多余的材料清理掉；最后，根据需求，添加一些精美的装饰，使器物更加完美。

二、传统竹编工艺的现代发展机遇与挑战

随着工业时代的发展，"以手为核心"的理念重新被认可和推崇，使得我国的传统竹编工艺从低谷中走出来，但仍未能真正实现复兴。然而，随着后工业时代的到来，文化价值的重视程度也有所提升，这给竹编工艺带来了一个良好的发展机遇，但也带来了一定的挑战。

（一）竹编工艺的现代产业类型及其优劣

现代竹编工艺产业可以大致区分为5种截然不同的形式，分别是私人自主制造、手工作坊、手产业村落、企业一体化运营、私人作坊。这些形态主要分布在竹编产区的一些村镇，但随着时代的发展，这些形态已经逐渐淡出历史舞台，因此企业统一运营、个性作坊等新兴的产品组织机构形态正在逐渐兴起，以满足当今社会对竹编产品的需求，并且有望成为竹编产

业的新兴支柱。这种模式建立在个体独立生产和家庭作坊的基础上，更加符合现代竹编工艺产业的需求。企业垂直一体化经营已成为当今竹编工艺产业发展的一种方式，它能够有效地整合各种资源，提升企业的竞争力。然而，当前的企业仍然存在一些问题，如商品类型单调、缺少创造性，以及缺少灵活性和多样化。随着现代社会的发展，个人工作室这种新型的形式已经开始出现，尽管它们尚未完全成熟，但它们对于竹编工艺的发展具有重要的推动作用，特别是在产品创新和工艺传承方面。为了让竹编工艺产业取得新的进步，我们必须不断探索新的可行性，提出一种更加完善的解决方案，以期使竹编工艺产业能够在当今社会中重新焕发光彩。

（二）竹编工艺产业的现状

1. 从业者整体文化素养相对较低，人才短缺，缺乏后继人才

随着竹编技术的发展，越来越多的年轻人开始投身其中，以期获得更好的技能和收益。然而，目前企业中的从业者大多是"现学现卖"，并且文化基础比较薄弱，许多人甚至只能接受"农民艺术家"的教育。虽然许多熟练掌握竹编技艺的大师已经年迈，但缺少学徒，他们仍然面临着后继乏人的困境。

2. 创新意识薄弱，产品缺乏设计投入

由于相对缺乏现代设计的投入，产品设计停留在传统的思维模式，缺乏创新的思维，从而使得产品的多样性和多样性受到一定限制。

今天，越来越多的人意识到产品的文化意义，并将其作为一种创造财富的方式。因此，传统的手工技术，如竹编制作面临着前所未有的挑战。应该对竹编工艺的现状进行全面的评估，以便深入挖掘它的独特性、价值、潜力，以期寻求现代化的发展道路。

三、竹编产品的设计理念可以为现代设计提供灵感和启发，从而推动创新

（一）以人为本的创意理念

竹编制作的原则就在于将"用"与"造"结合起来，让每一件作品都

具有独特性，从而达到最大化地满足客户需求。这就需要在创作过程中始终坚持"以人为本"，让每一件作品都充满生机与活力。许多传统竹编技术由当地的手工艺人完成，这些技师不仅负责创造这些技术，而且负责将其应用于日常生活中。这些技师以其专业知识与技术，致力于创造优质、高质量、环保、健康、舒适性等优良商品，以满足不断变化的消费群体。"以功能效果为基础，以实用价值为首要理念"被视为传统竹制品的核心理念，它将艺术的审美观念融入制造中，将外观的精致性、实用价值、艺术性完美地融入制造中，使得制造的物品不仅具有艺术性，而且还具有实际的使用价值，让消费者的日常生活更加丰富多彩。通过制作精美的竹制品，我们不仅可以欣赏到制作者的技巧与创造力，而且可以感受到他们对生活的关注。

（二）功能为主的造型意识

竹编技艺的发展使得它成了一种多样化的手工艺制品，它的形状和外观可以根据人们的需求进行调整。与其他手工艺制品不同，传统竹编作品的外观往往是简单的几何形状，而且很少使用有机材料。竹编制作者深入观察生活，结合自身的经验，精心设计出各种精美的竹编器物，以满足其所需的功能，这种以功能为核心的造型意识，在许多传统的竹编作品中得到了充分的体现。例如，人们使用的鱼篓体积庞大，容量充足，而且篓口较小，可以有效防止鱼类从篓中跃出，这样的设计完美地满足了鱼篓用于盛装鱼类的功能要求。

（三）自然和谐的装饰取向

竹制品通常具有简单的外表，并且通过其独特的技术来创建各种图案。它们很少带来额外的装饰，只是简单地展示了它们的原始风格。这种做法反映了人们对于简洁、天然、自由的审美理解。许多传统的竹编制作品都带着简单的装饰，但也有一部分作为日常使用的工艺，它们的设计既符合原始的外观，又体现了对于环境的尊重。

传统竹编产品中所承载和体现出的设计理念在当今仍具有学习和借鉴意义，值得我们继续传承和发展，尤其是在当下倡导绿色环保的社会背景下，传统竹编产品的造型、装饰等创意理念正适用于现代产品设计。

四、传统竹编工艺的创新方向

（一）竹编产品的功能创新是基于现代生活需求的，旨在满足人们的需求

随着现代社会的发展，竹制技术已经被大量地运用于各个行业，不仅可以满足消费者的日常需要，而且可以提供各式各样的新颖、实惠的竹编制作品，让古老的技术可以被现代人所接受，进一步丰富了竹编制作的内涵。

1. 在现代家居产品中融入竹编形式

通过使用竹编制作品，我们能够创造出一种独特的、充满温馨气息的氛围。竹制家居产品的研究应该充分考虑其独有的优势，并且要融入其独有的技术。首先，竹制的设计能够提供各种各样的外观，使得它成了当今时代颇受欢迎的装饰之选。其次，它的独特的花色、图案等都能给人们的生活提供美感，让人们感受到大自然的魅力。最后，它既能满足日常生活的功能，又能提升装饰的美感，因此我们应该把它融入我们的设计理念之中。使用柔软的竹子制作出各种艺术性的装置，无论放置在餐馆、居室或是客厅，都能给房间增添独特的氛围。但是竹子的制作过程非常繁琐，而且也很难完成，因此我们应该更加注重实际的应用，而非只依靠传统的手工技艺。在制作竹制家具时，应该结合粗纤维与精密纤维的特点，使用比较狭长的竹篾，按照预期的产品尺寸进行精心编制，以达到精致而且节省时间的效果。

2. 在现代科技产品中融入竹编质感

通过将竹编的古老而又柔软的特色融入现代科学技术的创新中，使得现代科学技术的外观变得生动活泼，而且还能够保留原本的传统风格，更为贴合现代日常生活，也更为贴合现代消费者的需求。随着现代科学的发展，竹制的制造技术也越来越受到重视，它不仅能够制造出精美的装饰，而且还能够用来制造室内用电器，如音箱、风扇、空调等，它们的表面、内胆、外壳都能够被精心地制造出来，进而满足现代人的需求。

（二）融入现代技术的竹编工艺创新

竹编技术被认为是一种独特的、充满创意的手工技术，它将手的技能、想象力、灵活性等完美结合，让它们拥有更多的可能性。但是它不太适合用于大规模的现代工厂。因此，为了改善当前的状况，我们必须探索出一种能够大规模生产竹编产品的方法。为实现这一目标，技术的创新是我们必须面对的重大挑战。现代科技的发展为大规模生产提供了强有力的支持，如3D建模和其他电脑制图工具。此外，模块化设计等工业设计方法也为竹编产品的标准化和大规模生产提供了重要的指导。尽管竹编的工艺特点和当前技术的发展水平使得大多数竹编产品无法完全依赖机械制作，但我们仍然可以通过手工制作和现代技术的结合来实现批量化生产，从而保留竹编产品中的传统手工文化。

1. 造型元素化，简化竹编流程

"造型元素"意味着将原有的几何图案转换成具有独特外观的图案，并将它们组合在一起，从而创造出独具个人风格的产品。使用"造型元素"的技术，可以丰富竹编工艺的表现力。显而易见，竹编作品的外观一直保持着中央轴线的完美平衡，而这种设计理念的根本原则就在于将人的双手作为最重要的元素，而由此而引起的复杂的有机结构和不规则的结构，使得整个生产流水线的运行变得极其困难，从而在一定程度上降低了整体的生产效率。为了进一步改善竹编制作的质量，减少其制作流程，采取多次使用相同的设计原则，将其作为一种有效的方式，将会在一定程度上提高竹编制作的整体水平。

（1）竹编基本型的重复运用

采取多样的创意和技术，将传统的基础结合现代的技术，创作出具备时尚感和创意性的新颖产品，不论是外观上还是功能上，都能够达到极致的美感。特别是针对竹编制作，采取多样的创意能够更好地满足消费者的需求，同时也能够极大地减少制作时间，从而使得竹编制作的工艺更加精致，更加便捷。

竹编工艺的特点之一是它的编织技术相对简单，特别是针对一些几何形体，如平面、圆球、圆柱等。使用竹粗编的技术，可以节省大量的时间和人力。因此，通过对这些基本型的拼接和重复使用，可以大大提高竹编工艺的生产效率，并简化生产流程。此外，这些拼接的过程也可以由非专业的艺人或机器来完成，从而大大提高了竹编工艺的整体水平。通过改进工作流程，我们不仅能够提高效率，还能降低成本。

（2）平面竹编的有效利用

随着技术的不断进步，竹编工艺已经取得了长足的发展，从剖竹、劈篾、混边等传统手工技艺到机械化编织，甚至是平面竹编，都有了机器编织的参与，这种新型技术的出现，不仅极大地提高了竹编的生产效率，而且为人们带来了更多的便利。因此，在造型元素化的设计方法中，对平面竹编元素的合理、有效利用可以为竹编工艺流程的简化带来更有力的促进。

通过"二维到三维"的平面竹编技术，我们可以创新地使用各种形态的竹编制作品，从而满足各种产品的外观和功能。这种技术的应用，使得传统的"二维到三维"技术得以发挥作用，而且还有助于提升三维空间的美感，使得竹编制作品的外观更加精致，更加具有创意。通过将多块竹材进行组合和围合，我们发现这种技术是一种非常有效的三维创意。它还适合创造出各种复杂的、非常精美的图案。

2. 现代科技辅助，使竹编产品标准化

随着科技的发展，标准化在当今社会中充分发挥着越来越重要作用，它既是实现现代化生产的关键，又是推动企业发展的基础。它既能够改善企业的运营管理，又能够降低企业的劳动强度，从而改善企业的整体运营状况。此外，它也能够有助于企业实施更高水平的自动化管理，从而更好地满足市场的需求。由于时代的进步，竹编制作为一种以人力为基础的古老手工艺，其制作效率远远低于当今的工业制品。要有效地提高竹制的制作效率，必须依靠先进的科学技术。然而，当前的科技仍然远远落后，使得三维制作的竹制品仍然难以用机械进行，甚至可能会出现难以实施的情况。因此，要有效地利用先进的工业制图技术，实现竹制的高质量制作，必须引进先进的工业设计理念。

（1）计算机辅助竹编产品设计

随着科技的发展，计算机辅助的设计和制作技术已经广泛应用于传统的竹编制作技术。然而，由于缺乏精细的规范化的制作流程，许多原本仅仅停留在概念层面的创作，而无法真正体验和完善。因此，采取计算机辅助的制作技术，将更加精细的制作流程融入制作过程之中，可以使得制作的竹编制作品更加逼真、更加精美，能更好地达到消费者的需求。

（2）利用模具，编织标准化竹编产品

模具在制造过程中起到了一定的作用，通过施加外部压力，可将物体塑形以呈现出规格、精确的形态。在当今的工业制造领域，模具已经发挥着不可替代的功能，其最大的优势在于能够有效地提升制造的质量，同时降低制造的成本。如果我们希望让竹编制作品能够达到标准化的制造，那么使用合适的模具将会起到至关重要的作用。我们应该根据不同的需求，设计专门的内部模具，然后利用这些模具对它们进行精心的加工，使它们能够达到规范的形状，达到完美的结合。这种方法不仅能够提升制造效率，而且能够改善质量，使得竹编制造的产品更加精美、更加符合市场的需求。

在实际的设计制造过程中，计算机辅助产品设计与新型模具编织技术之间存在着密不可分的联系，它们不仅可以协同完成产品的设计，而且还可以为模型的制作提供支持，使得模型的制作更为精确、有效。

第五节　传统工艺在文化创意设计中的表达实例

一、传统手工艺的新载体——文化创意产品

随着时代的进程，中国传统手工业逐渐无法适应当今社会的需要，所以文化创意产业的出现，为中国传统手工业的未来发展创造了一个全新的可能性，它可以将历史文化价值传承下去，并将其转化为现实的产品。通过将中国传统手工业与中国文化创意产品有机地结合，不仅能够让这些产品充满本土的历史文化气息，而且能够体现出民族精神。此外，这种结合还能够让中国传统民族文化、工艺传统文化、审美意识得到不断地开发，进而使它们与时俱进。尽管传统手工艺在文化创意产业中的发展和创新得到越来越多的关注，有些工艺品也形成自身的品牌文化，但是我国传统手工艺与文化创意产业的融合仍然处在初级阶段，仍面临着许多挑战和变

革。当今市场上,如何把握机遇,设计出符合当下消费者需求和审美观的商品,是我国传统手工艺在文化创意产业领域未来发展的关键所在。

二、传统手工艺创新文化创意产品设计的主要元素

创新作为设计本质的要求,也是时代的要求。在全球化发展的今天,传统手工艺受到工业化、机械化及思想观念等方面的挑战,传承与创新迫在眉睫。

(一)传统造型元素创新

经过将中国传统元素的颜色、造型艺术、形式进行改造,融合东西方传统文化的精华,加上现代社会的需要,我们创造出一种全新的、富有时代感的造型艺术,它不仅有着独特的视觉,而且更能适应当代人的审美观要求。

1. 直接运用

利用传统的手工技术,我们可以把它们变为具有独特风格的文化创作物。我们可以把它们的特点融入我们的作品当中,让它们更具有历史感、独特性,同时又具有现代感。

例如,"龙凤呈祥"吊坠,由中国国家博物馆精心设计,其中融合了新石器时代红山文化的传统技艺——玉龙,商代的传统技艺——玉凤佩,由精美的银色制作而成,大小精细,拥有极其珍贵的历史文物价值。

采用传统手工艺的元素作为文化创意产品的设计灵感,既保留了原有的工艺特色,又能够以全新的方式呈现出来。在设计过程中,要考虑消费者的审美偏好,以及他们的需求,从而使产品的外观更加精致、时尚。

2. 间接运用

在文化创意产品的设计中,我们应该重视对传统手工艺的再创作,以满足当代消费者的物质和精神需求。我们应该通过简化、变形、局部、重复等方式,让传统的工艺美术具备更强的文化和民族。

例如,"五福临门——食器礼盒"是故宫博物院的一款具有深远历史和现代艺术价值的文化创作。它的原始样式是一个由乾隆时期的花梨木制

成的精美餐具，并融入"天地和谐，万福万寿"的祝福。这件作品的灵感来源于五个一组的精美容器，并通过现代的设计技术呈现了五种具有祝福和美好愿望的形状。经过精心设计，产品既保留了传统的造型，又增添了新的功能性，让您在享受艺术的同时，也能拥有一套完整的陶瓷工艺。

通过间接运用传统造型元素，我们不仅能够保护和传承传统手工艺，而且能为文化创意产品注入新的文化内涵。这种表达方式不仅能够让消费者感受到传统的文化内涵，还能让他们更加深入地理解和感受到产品的独特性，从而激发他们的创造力和想象力。

（二）色彩创新

色彩在产品设计中扮演着至关重要的角色，它不仅能够展现出产品的外观，而且能够影响消费者的审美观，从而激发他们的购买欲望。色彩给人视觉和心理上带来的冲击性，是其他因素所不能比拟的，不同色彩在不同的材质、环境或人的心境中都有着不同的含义。

在文化创意产品设计中，我们应该充分利用传统色彩的优势，并结合当下的时尚元素，将其融入新的设计语义中，从而让传统的手工艺类文化创意产品更加生动、丰富多彩。此外，我们还应该充分考虑色彩与材料、环境、人类心理等因素之间的联系，从而为这些产品注入新的活力，让它们更加独特。设计师应该在三个方面重新考虑色彩的使用。

1. 色彩与材料

不同的材料可以产生出独特的色彩，这种多样性使它们与以往单一的颜色形成鲜明对比。例如，在哑光材料上，色彩会变得更加深沉而柔和；而在亚克力材料上，则会显得更加清晰而明亮。通过巧妙地搭配颜色和材料，设计师能够创造出独特的文化创意产品。

2. 色彩与环境

环境因素的变化为色彩的运用提供了更多的可能性，尤其是在文化创意产品的设计中，颜色的选择必须根据产品的特定环境和使用场景而定。

3. 色彩与心理

颜色是设计的一个关键元素，它可以改变我们对事物的看法。例如，红色代表生机勃勃、充满激情；黑色代表严肃、神圣、深邃；而白色则表示宁静、快乐、清新。通过运用恰当的颜色，我们可以在一定程度准确地感知顾客的情绪。

例如，"心灵便当——兔爷"是一款以北京传统玩具——兔爷，为灵感的文化创意产品，它通过对造型和色彩的重新设计，将五种颜色融合在一起，以此来表达对爱情、学业、事业和家庭的祝福，并且在消费者的心理上产生了一定的影响。

（三）材料创新

随着科技的发展，使得许多古老的技能得到了保留。石大宇提出，将传统材料和现代材料融入现代设计中，既可以减少生态污染，又可以增加文化创意的多样性，让产品更具文化内涵，同时也要体现中国的历史精髓。"清廷"的创始人石大宇强调，现代的设计必须基于环境友好的原则，融入现代的设计思想，避免过分依赖现代的科学和工程。

例如，"杏林春燕"是中国国家博物馆推出的一款具有独特艺术风格的"杏林春燕立体小夜灯"，它由精心挑选的粉彩杏林春燕纹瓶图案组合，结合高科技的USB技术，将传统的木质、塑料、金属等原料完美结合，形成具有独特艺术魅力的"杏林春燕立体小夜灯"。

（四）功能创新

古老而又神秘的传统技艺，曾经深深地吸引着许多爱好者，他们将它们当作珍贵的文化财富珍藏起来，让它们变成历史上不可磨灭的精神财富。随着社会的发展，传统的手工艺品已经无法适应当今社会的多样化和复杂化，其实用价值受到一定限制，而破解这一问题则变成当今社会的一个关键课题。

功能创新指的是在满足客户的基本需要的同时，提升产品的使用价值。这种做法包括将传统的手工制作的作品重新定义，使其具有更强的实用价值。这种做法既要满足当下的日常用途，又要保留其原有的美感，使其具有更强的社会价值。为了迎合当今社会的日益增长的需要，我们必须不断改进。

（五）工艺技术创新

中国的传统手工艺已经存在了数千年，通过匠人的不懈努力，技术和材料得以完美结合,并流传至今。在当今社会,传统手工艺已经被越来越多的人所重视。过去,传统手工艺品大多依靠人力完成,尽管它们具有独特的创意和唯一性,但由于生产效率低下和产品再利用困难,使得传统手工艺的发展受到了一定的限制。

"剖析"的传统手工艺需要我们仔细研究它的各个方面,包括设计、加工、制造、生产。这些传统的手工艺具有独特的个人风格,代表着我们的民族、地区,同时也能够传递我们的审美观念、文化内涵。通过运用现代的工艺,我们能够更好地发挥它们的独特之处,同时也能够提高"剖析"的整体水平。通过将技术和功能的创新有机地融入传统的手工制作中,不仅在一定程度上提高了其灵活性,而且让它们从单调乏味的状态转向生机勃勃。

参考文献

［1］秋山利辉. 匠人精神：一流人才育成的30条法则［M］. 陈晓丽，译. 北京：中信出版集团股份有限公司，2015.

［2］亚力克·福奇. 工匠精神：缔造伟大传奇的重要力量［M］. 陈劲，译. 杭州：浙江人民出版社，2014.

［3］马歇尔·伯曼. 一切坚固的东西都烟消云散了［M］. 徐大建，张辑，译. 北京：商务印书馆，2003.

［4］丹尼尔·贝尔. 资本主义的文化矛盾［M］. 赵一凡，蒲隆，任晓晋，译. 上海：三联书店，1980.

［5］路易斯·哈茨. 美国的自由传统［M］. 张敏谦，译. 北京：中国社会科学出版社，2003.

［6］工业和信息化部工业文化发展中心. 工匠精神：中国制造品质革命之魂［M］. 北京：人民出版社，2016.

［7］钱穆. 中国历史精神［M］. 北京：九州出版社，2011.

［8］赵方. 我国非物质文化遗产的法律保护研究［M］. 北京：中国社会科学出版社，2009.

［9］谢富胜. 分工、技术与生产组织变迁［M］. 北京：经济科学出版社，2005.

［10］庄林德，张京祥. 中国城市发展与建设史［M］. 南京：东南大学出版社，2002.

［11］万辅彬，韦丹芳，孟振兴. 人类学视野下的传统工艺［M］. 北京：人民出版社，2011.

［12］杭间. 中国工艺美学史［M］. 北京：人民美术出版社，2007.

［13］徐艺乙. 手工艺的文化与历史［M］. 上海：上海文化出版社，2016.

［14］叶自成．对外开放与中国的现代化［M］．北京：北京大学出版社，1997．

［15］董炳和．知识产权制度研究：构建以利益分享为基础的权利体系［M］．北京：中国政法大学出版社，2005．

［16］蒲莉．遗传资源与相关传统知识的民法保护研究［M］．北京：人民法院出版社，2009．

［17］陈万柏，张耀灿．思想政治教育学原理［M］．北京：高等教育出版社，2007．

［18］李工真．德意志道路：现代化进程研究［M］．武汉：武汉大学出版社，2005．

［19］李宏伟，别应龙．工匠精神的历史传承与当代培育［J］．自然辩证法研究，2015，31（8）：54-59．

［20］庄西真．多维视角下的工匠精神：内涵剖析与解读［J］．中国高教研究，2017（5）：92-97．

［21］韩一丹．大国工匠——制造精神的本质回归［J］．杭州（生活品质版），2015（10）：4-7．

［22］范金民．清代废除匠籍的历史意义［J］．社会科学辑刊，1995（1）：108-115．

［23］肖薇薇，陈文海．工匠精神衰微的现代性困境与超越［J］．改革前瞻，2016，37（25）：13-18．

［24］宋国柱．工匠精神与传统工艺传承［J］．神州（下旬刊），2019（18）：23．

［25］惠宁，霍丽．试论人力资本理论的形成及其发展［J］．江西社会科学，2008（3）：74-80．

［26］张良华．我国传统手工艺技能采著作权法保护模式初探［J］．景德镇高专学报．2010，25（3）：23-24．

［27］徐艺乙．中国历史文化中的传统手工艺［J］．江苏社会科学，2011（5）：223-228．

［28］王丽媛．高职教育中培养学生工匠精神的必要性与可行性研究

[J]. 职教论坛, 2014 (22): 66-69.

[29] 吴玉剑, 刘燕. 高职院校传承与培育学生工匠精神的三大困境刍议 [J]. 职教论坛, 2017 (4): 82-85.

[30] 朱凤荣. 社会主义核心价值观视域下制造业工匠精神培育的思考 [J]. 毛泽东思想研究, 2017, 34 (1): 96-101.

[31] 段能鹏, 鲁晶. 基于知识资本理论的企业知识转移绩效评价研究 [J]. 情报杂志, 2011, 30 (s2): 256-259.

[32] 刘志彪. 要"工匠精神",更要"工匠文化" [N]. 新华日报, 2016-07-08 (15).

[33] 龚群. 工匠精神及其当代意义 [N]. 光明日报, 2021-01-18 (15).